第一次全国自然灾害综合风险普查培训教材

气象灾害调查与风险评估

国务院第一次全国自然灾害综合风险普查领导小组办公室　编著

应急管理出版社

·北　京·

内 容 提 要

本书基于气象灾害风险普查技术规范系列，全面介绍了台风、暴雨、干旱、高温、低温等 9 类灾害的致灾因子遴选、危险评估、风险评估与区划等技术方法。本书适合各地从事气象灾害综合风险普查的业务技术人员阅读，也可以作为气象灾害风险管理业务发展、科学研究的参考书。

《第一次全国自然灾害综合风险普查培训教材》
编　委　会

本 书 编 写 组

主　　编　巢清尘

副 主 编　王国复

编写人员　尹宜舟　周月华　高　歌　王　冀　郭艳君
　　　　　郑永光　赵春雨　买买提艾力·买买提依明
　　　　　程向阳　田　红　王劲松　史　军　翟建青
　　　　　张西雅　符　琳　周晓宇　王学良　王　慧

序 一

我国是世界上自然灾害最为严重的国家之一，灾害种类多、分布地域广、发生频率高、造成损失重，这是一个基本国情。党中央、国务院历来高度重视自然灾害防治工作，2018 年 10 月 10 日，习近平总书记主持召开中央财经委员会第三次会议，专题研究提高自然灾害防治能力，强调要开展全国自然灾害综合风险普查。按照党中央、国务院决策部署，国务院办公厅印发通知，定于 2020 年至 2022 年开展第一次全国自然灾害综合风险普查，成立了由国务院领导同志任组长的普查工作领导小组，县级以上地方各级人民政府设立相应的普查领导小组及其办公室，按照“全国统一领导、部门分工协作、地方分级负责、各方共同参与”的原则组织实施。

全国自然灾害综合风险普查遵循“调查-评估-区划”的基本框架开展，调查是基础、评估是重点、区划是关键。普查涉及范围广、参与部门多、协同任务重、工作难度大，第一次开展地震灾害、地质灾害、气象灾害、水旱灾害、海洋灾害、森林和草原火灾六大类自然灾害风险要素调查、风险评估和区划的全链条普查；第一次实现致灾部门数据和承灾体部门数据有机融合，推动部门数据共享共用，助力灾害风险管理；第一次在统一的评估区划技术体系下开展工作，形成较为完整的自然灾害综合风险评估与区划技术体系。

“工欲善其事，必先利其器。”此次普查工作是中华人民共和国成立后首次开展的自然灾害综合风险普查，没有现成模式可套、没有现成经验可循、没有现成路子可走，普查的过程本身就是一个探索创新、积累经验、推动工作的过程。本次普查涉及主体多，国家、省、市、县、乡、村都有普查队伍，各地基础不同，但技术规范和工作目标一致。在这样的情况下，一套专业、权威的教材尤为重要，它不仅仅是普查海量知识呈现的载体，同时也是普查工作者的实操指南。每一本教材都是创新的成果，都凝结着教材编著人员的辛勤汗水，承载着广大普查工作者的期盼。这套教材的编著者均为不同部门、不同领域的专家，同时也是本次普查工作的设计者、推动者和实践者，他们以高度的政治责任感和使命感，以及科学严谨的工作作风，为普查工作倾注了大量心血、汗水和智慧。我谨向他们表示崇高的敬意和衷心的感谢！

这套教材有统有分，注重理论知识与实践操作的紧密结合，突出了科学性、专业性和实用性。希望广大普查工作者能在其中汲取知识，学有所思、学有所获，也希望各级普查办和行业单位能在普查培训中用好这套教材。

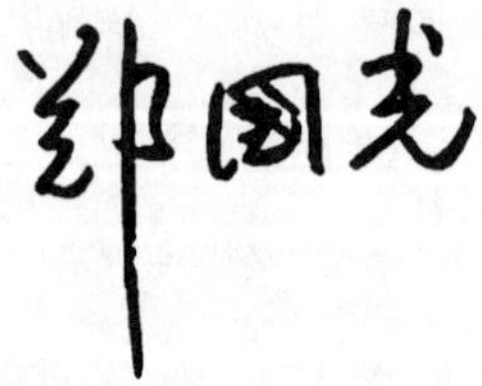

国务院第一次全国自然灾害综合风险普查

领导小组办公室主任

二〇二一年十二月

序　二

为全面掌握我国自然灾害风险隐患情况，提升全社会抵御自然灾害的综合防范能力，经国务院同意，定于2020年至2022年开展第一次全国自然灾害综合风险普查工作。全国自然灾害综合风险普查是一项重大的国情国力调查，是提升自然灾害防治能力的基础性工作。通过开展普查，摸清全国自然灾害风险隐患底数，查明重点地区抗灾能力，客观认识全国和各地区自然灾害综合风险水平，为中央和地方各级人民政府有效开展自然灾害防治工作、切实保障经济社会可持续发展提供权威的灾害风险信息和科学决策依据。

第一次全国自然灾害综合风险普查是多灾种、系统性和综合性的普查，涉及范围广、参与部门多、协同任务重、工作难度大。对普查工作人员开展广泛的业务培训，建设一支素质高、业务精的普查工作队伍，是保障本次普查工作质量的前提和基础。为提高培训效果，规范普查数据采集、评估与区划工作，确保普查数据和成果质量，国务院第一次全国自然灾害综合风险普查领导小组办公室（简称国务院普查办）精心策划，组织自然灾害风险相关领域专家，围绕《第一次全国自然灾害综合风险普查实施方案（修订版）》，通力合作，编写完成了系列培训教材。本套培训教材体系完整、内容全面，既独立成册又相互补充，形成了较为完整的自然灾害综合风险普查培训教材体系。

参与这次自然灾害综合风险普查培训教材编写工作的人员多，既有应急、地震、自然资源（地质灾害、海洋灾害）、水利、气象、林草、住建、交通等部门的工作人员、技术支撑单位专家，又有相关高校和科研院所的专家学者，还有参与普查试点工作的普查人员。他们需要详细研究吃透实施方案，又要收集整理资料、补充案例；既要体现专业水准，又要满足通俗易懂的需求，为此付出了大量辛勤劳动。教材凝聚了所有编写人员的心血和智慧。在此，谨向所有参编人员表示由衷的敬意和诚挚的感谢！

本套培训教材在编写过程中，始终贯彻以下宗旨。一是通俗易懂，操作性强。以服务普查员为根本目的，突出实用性。教材以好学、易懂、操作性强为原则，简明扼要、浅显易懂地阐述普查内容、技术和方法，避免学术化和理论化表述。二是图文并茂、例证丰富。教材针对普查内容专业性较强的特点，将普查内容、流程、步骤利用图表和文字清晰表达出来，对于一些难点问题教材中引用了实例进行阐释。三是标准统一、特色鲜明。各教材在章节结构、格式体例、出版风格上标准统一，内容又各具特色、完整准确。

本套培训教材在编写完成后，按照国务院普查办安排部署，经主持编写单位专家审核后，由国务院普查办技术组组织全体专家审查，再由国务院普查办主任办公会审定，做到了层层把关，确保了教材培训的质量。

本套培训教材是自然灾害综合风险普查培训的权威工具书，是各级普查人员的重要参考材料，是社会公众了解自然灾害综合风险普查的窗口。希望广大的自然灾害综合风险普查工作人员用好本套培训教材，准确地把握普查的内容和要求。

自然灾害综合风险普查培训教材是第一次编写，教材中的一些不足之处，需在普查实施过程中不断修改和完善。书中疏漏和不妥之处，敬请读者批评指正。

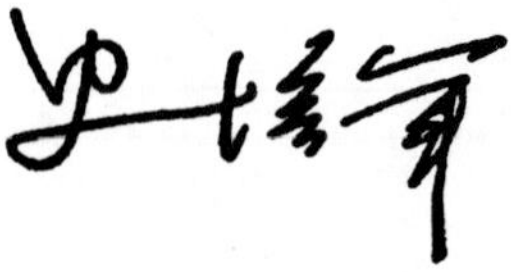

国务院第一次全国自然灾害综合风险普查领导小组办公室技术组组长

应急管理部-教育部　减灾与应急管理研究院副院长

北京师范大学地理科学学部教授

二〇二一年十一月

前 言

中国是世界上气象灾害最严重的国家之一。在全球气候变暖背景下，各种气象灾害给我国经济社会发展和生态环境都造成了重大损失，而全球气候变暖更加剧了极端气象灾害发生的频率，呈现出气象灾害的长期性、突发性、巨灾性和复杂性。防御气象灾害，避免和减轻气象灾害造成的损失是实现我国经济社会可持续发展、保障人民生命财产安全和促进人类与自然和谐相处必须面对和解决的重大战略问题。目前开展的全国气象灾害综合风险普查是全面提高国家自然灾害防治能力的重要基础性工作之一，对摸清全国及地方气象灾害风险底数，识别高风险区域，客观评价全国和各地区气象灾害综合风险水平具有十分重要的意义。

根据国务院第一次全国自然灾害综合风险普查领导小组办公室的要求，与以往调查不同，这次气象灾害综合风险普查是一项有较高技术含量的技术研发工作。为了摸清全国自然灾害风险隐患底数，查明重点地区抗灾能力，客观认识全国和各地区灾害特征、灾害综合风险水平、承灾体脆弱性水平，科学预判今后一段时期灾害风险变化趋势和特点，形成全国自然灾害防治区划和防治建议，以及研制分级的灾害事件数据库，开展多尺度风险识别、风险评估、风险区划等工作，需要建立并掌握一套适用的普查技术体系。特别是要实现两个转变：一是从调查对象上要实现从“极端天气气候事件”到“灾害事件”的转变；二是从普查技术路线上要实现向客观定量化识别评估灾害事件的转变。为此，这次综合风险普查首要任务是研制一套“气象灾害调查与风险评估技术规范体系”，用于具体指导普查工作。本书就是对普查技术规范的全面宣贯。

本书第一章介绍了气象灾害综合风险普查的重要意义，以及与气象灾害风险管理业务体系建设的关系；第二章介绍了气象灾害风险普查的目标、任务、实施原则和组织分工等；第三章分灾种介绍了气象灾害致灾危险性因子的遴选、危险性评估模型及技术路线、危险性等级划分方法等；第四章介绍了基于不同的承灾体，结合致灾危险性评估结果，如何开展风险评估与区划。

本书是在中国气象局应急减灾与公共服务司组织下，由全国气象灾害综合风险普查技术组近90名专家共同编制而成。本书编制过程中得到了国务院第一次全国自然灾害综合风险普查领导小组办公室技术组领导专家的指导。在此，向所有参与本书编制的单位和专家表示衷心的感谢。

本书的编制出版期望得到各界读者的支持和帮助，书中不足和疏漏之处，请广大读者批评指正。

本书编写组

2021年9月

目　　次

第一章 绪　论

第一节　风险普查的重要意义

中国是世界上受自然灾害影响最严重的国家之一，灾害种类多，分布地域广，发生频率高，造成损失重。中华人民共和国成立以来，政府高度重视自然灾害防治工作，在防灾减灾救灾等领域取得了一系列显著成效。然而，中国的自然灾害防治能力总体上仍然比较薄弱，提高自然灾害防治能力，是实现“两个一百年”奋斗目标、实现中华民族伟大复兴中国梦的必然要求，也是关系人民群众生命财产安全和国家安全的大事。

2018 年，习近平总书记在中央财经委员会第三次会议上指出，加强自然灾害防治关系国计民生，要建立高效科学的自然灾害防治体系，提高全社会自然灾害防治能力，为保护人民群众生命财产安全和国家安全提供有力保障。总书记关于自然灾害防治工作的重要讲话与“两个坚持”“三个转变”的重要论述和国家防灾减灾救灾体制机制改革精神一脉相承，即“坚持以防为主、防抗救相结合，坚持常态救灾和非常态救灾相统一，从注重灾后救助向注重灾前预防转变，从应对单一灾种向综合减灾转变，从减少灾害损失向减轻灾害风险转变，全面提升全社会抵御自然灾害的综合防范能力”。

气象灾害综合风险普查是全面提高国家自然灾害防治能力的重要基础性工作之一。为了加强气象风险管理能力建设，深度融入国家自然灾害防治体系，需要进一步提高对气象灾害的认识和把握，总结分析气象灾害防御能力的现状与短板，充分发挥气象灾害预警和风险区划在灾前预防、综合减灾和减轻灾害风险中的作用，扎实做好气象服务，为人民福祉安康和经济社会发展提供坚实保障。

在全球气候变化大背景下，随着经济的快速发展，人类活动对气候条件的依赖程度进一步加深，气象灾害对人类社会的影响也越来越大，特别是全球气候变暖导致极端天气气候事件发生的频率和强度也呈增加趋势，给经济安全、国防安全、粮食安全、生态安全和环境安全等带来了一系列挑战。气象、水文以及气候灾害每年都会造成大量的人员伤亡和社会经济损失，1980—2017 年全球重大自然气象灾害变化如图 1-1 所示。2000—2017 年，地质灾害（地震、海啸和火山喷发等）发生次数较 1980—1999 年增加了 13.3%，天气灾害（台风、风暴、强对流和龙卷风等）、气候灾害（极端气温、干旱和野火等）和水文灾害（洪涝、泥石流和滑坡等）发生次数则分别增加 41.7%、32.3% 和 84.3%，这说明自然灾害的发生频率增加主要是由于天气、气候和水文灾害的发生频率增加。2017 年，全球天气、气候和水文灾害导致的经济损失高达 3300 亿美元，成为有记录以来气象相关灾害造成损失最大的年份，气象相关灾害占全年自然灾害总损失的 97%。全球气候服务框架（GFCS）指出，当前国际社会面临的

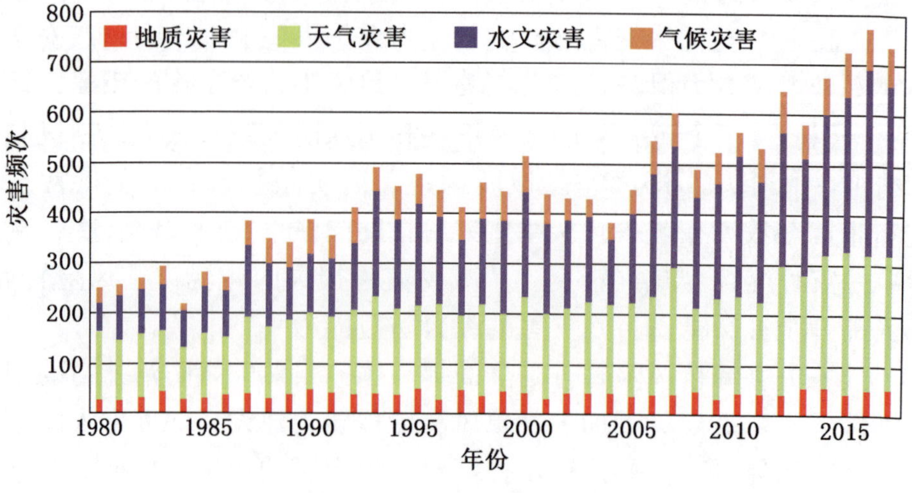

图 1-1　1980—2017 年全球重大自然气象灾害变化

最主要挑战之一就是在可持续发展的基础上如何更加系统有效地开展灾害风险普查和风险预警。

中国是全球气候变化的敏感区和脆弱区之一。1990—2018 年我国气象灾害造成的直接经济损失及所占 GDP 的比重如图 1-2 所示。资料显示，气象灾害造成的年均直接经济损失约为 2000 亿元，相当于同期国内生产总值（GDP）的 1.9%。相比来看，中国气象灾害导致的直接经济损失不仅远远超过世界平均水平，也超过美国等自然灾害严重的国家。气象灾害不仅对基础设施造成严重破坏，而且对人民群众的生命财产构成极大的损害和威胁，已经成为经济社会可持续发展的重要制约因素。

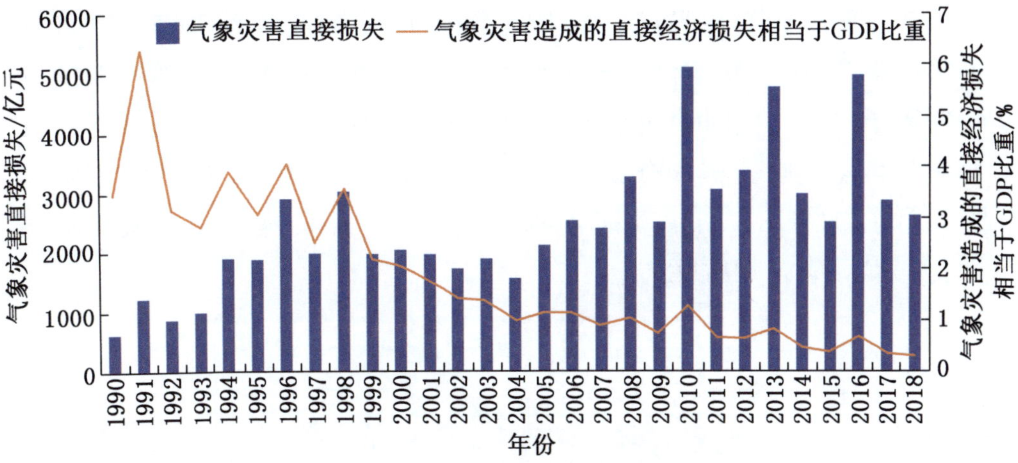

图 1-2 1990—2018 年我国气象灾害造成的直接经济损失及所占 GDP 的比重

第二节 灾害风险管理的科学内涵

灾害风险普查是灾害风险管理技术体系的重要组成部分。对灾害风险管理的科学认识有助于顺利开展综合风险普查工作，并使普查工作取得实效，促进普查成果的应用。

灾害是指由自然因素造成人类生命、财产、社会功能和生态环境等损害的事件或现象，即在一定自然环境或社会环境背景下产生的、超出人类社会控制和承受能力、对人类社会造成危害和损失的事件，是自然与社会综合作用的产物。天气、气候灾害的发生是地球系统自然环境变化作用于人类社会的结果，既包括了自然因素的作用，也包括了人类社会承受或适应自然环境变化的能力的作用，只要自然因素的变异程度不超过人类社会的承受能力，就不会产生危及人类生命财产和生存条件安全的不利后果。

风险是指对人类社会产生不利后果的可能性，且这种后果又往往不能准确预料。其大小不仅取决于致灾因子发生的可能性或趋势及其严重程度，也在很大程度上取决于脆弱性和暴露度水平。2012 年联合国政府间气候变化专门委员会（IPCC）发布了《管理极端事件和灾害风险 推进气候变化适应》特别报告，强调灾害风险不仅取决于致灾因子本身，同时取决于承灾体的暴露度和脆弱性，它受人为气候变化、自然气候变率和社会经济发展共同影响，IPCC 报告中灾害风险示意图如图 1-3 所示。灾害风险管理的重点是降低暴露度和脆弱性，并提高应急响应能力。

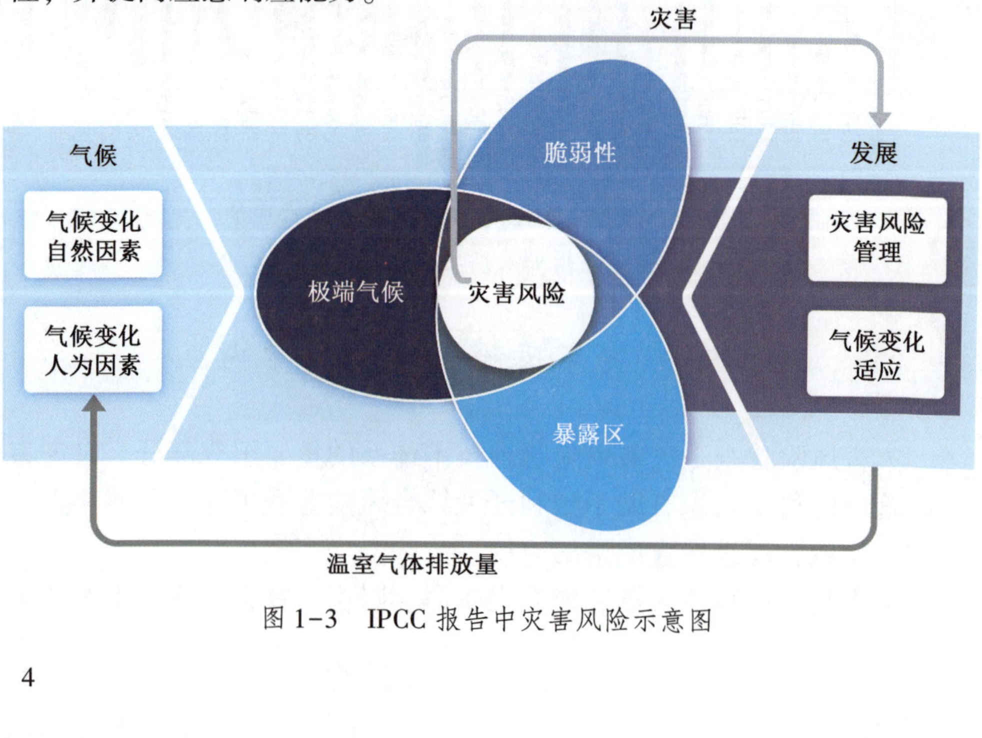

图 1-3　IPCC 报告中灾害风险示意图

1987年12月，联合国大会通过决议，将1990—2000年定为“国际减少自然灾害十年（IDNDR）”，旨在提高世界各国的防灾减灾能力，减少在灾害面前无能为力的状况。国际减少自然灾害十年活动的重点是探讨减轻灾害损失的措施，并从致灾因子、孕灾环境、承灾体等多角度揭示灾害形成的机理。从这一时期开始，灾害风险管理的理念逐渐兴起，人类从被动防御灾害的阶段转向了主动管理灾害的阶段。

近年来，随着防灾减灾实践的深入、认识的深化，天气、气候灾害的风险管理意识逐步成为各级政府和社会各界提高灾害防御能力和水平的共识，在重视和加强应急防御的同时，也更加重视立足长远的灾害风险管理。天气、气候灾害防灾减灾工作已经由应急防御和灾后应急救助为主向自然灾害的风险防范和风险管理并重转变，防灾减灾的“端口”前移。加强天气、气候灾害的风险管理，变被动防灾为主动应对，使防灾减灾工作由减轻灾害损失向降低灾害风险转换，这也是国际上防灾减灾发展的新趋势。

灾害风险管理是指处置和适应风险及其后果的社会体系，其制度基础是相关法律法规、规章条例、标准规范等。灾害风险管理包括防灾、抗灾、救灾与风险的系统管理。其中，防灾管理包括灾害监测预警、应急预案、公共教育培训等方面的管理；抗灾管理包括减灾工程、应急措施、应急技术等方面的管理；救灾管理包括灾情评估、救助救济、物资储备等方面的管理；风险管理包括灾害风险监测识别、模拟评估等方面的管理。

灾害风险管理的内涵包括3层意义。首先，从法律意义上讲，灾害风险管理的最重要的问题就是各级政府部门要严格履行法律赋予的职责，做好备灾、应急、恢复和重建工作。其次，从科学意义上说，风险管理的核心问题是优化决策问题。科学的灾害风险管理系统主要包括风险分析和规避措施。前者是对形形色色风险的认识，而后者是采取一定的措施来规避风险。与传统多目标优化决策不同的是，对风险系统的认识，占据了风险管理的大部分工作，而切实可行的管理措施，大多数是通过启发式学习来构造。第三层意义涉及公众的参与。风险管理的核心理念是尊重人的生命和健康，追求高质量的生存环境和精致化的生存状态，为当代和下一代民众着想。由此，中国在推进灾害风险管理与适应的协同规划中提出了建立“政府主导、部门协调、公众参与”的协同治理机制。

第二章 目标和任务

第一节 目　　标

开展全国气象灾害综合风险普查是党中央、国务院安排部署，交由气象部门承担的重要任务，是国情国力调查的重要内容，是提升气象防灾减灾能力的基础性工作。通过开展普查，摸清气象灾害风险隐患底数，全面客观认识全国气象灾害风险水平，有助于提升气象灾害风险预报预警和管理能力，为地方政府及各部门有效开展气象灾害防治工作提供科学决策依据。本次气象灾害风险普查的总体目标是：获取我国主要气象灾害的致灾信息；通过信息共享，掌握人口、房屋、基础设施、公共服务系统、三次产业、资源和环境等重要承灾体信息、历史灾害信息以及重点隐患情况，查明区域气象抗灾能力和减灾能力。以调查为基础，评估为支撑，客观认识当前全国和各地区主要气象灾害的风险水平，科学预判气象灾害风险变化趋势和特点，形成全国气象灾害风险区划。通过实施普查，建立健全气象灾害风险评估指标体系，建立分类型、分区域、分层级的气象灾害风险数据库以及多尺度风险识别、风险评估、风险制图、风险区划的技术方法和模型库，建立完善气象灾害风险预警和评估业务。

根据实施内容性质的不同，划分为两项具体目标。

一、致灾危险性调查与评估

通过组织实施全国主要气象灾害危险性调查与评估，全面获取1978—2020年我国县域尺度的台风、暴雨、干旱、高温、低温、风雹、雪灾、雷电、沙尘暴等气象灾害的致灾因子、孕灾环境和特定承灾体致灾阈值信息，客观认识和评价全国及重点区域主要气象灾害的危险性水平，建立主要气象灾害事件库和危险性评估支撑数据库，为国家和地方各级政府有效开展自然灾害防治和应急管理工作，切实保障社会经济可持续发展，提供权威的气象灾害危险性信息和科学决策依据。

二、风险评估与区划

针对台风、暴雨、干旱、高温、低温、风雹、雪灾、雷电、沙尘暴等气象灾害，研制人口、经济产值、房屋建筑、农业、基础设施等主要承灾体对各类气象灾害的评估模型，开展上述气象灾害以及综合气象灾害的风险评估和风险区划，掌握全国各级及重点区域主要承灾体遭受各类气象灾害风险水平，为国家和地方各级政府有效开展气象灾害防治和应急管理工作，切实保障社会经济可持续发展，提供权威的灾害风险信息和科学决策依据。

第二节　任　　务

一、致灾危险性调查与评估

致灾危险性调查与评估任务共包括 3 类：一是基于客观化气象灾害监测识别技术方法及现有成果转化，对台风、暴雨、干旱、高温、低温、风雹、雪灾、雷电、沙尘暴等气象灾害的致灾因子和影响进行调查，基于此建立气象灾害事件库；二是在危险性调查的基础上，对气象灾害的发生频次、强度、影响面积、持续时间进行统计分析与危险性评估；三是开发灾害危险性评估产品与制图。

调查时间范围：1978—2020 年。空间范围及密度：全国范围及重点区域，县域尺度。

二、风险评估与区划

完成国家四级行政区域（国家、省、市、县）和重点区域的台风、暴雨、干旱、高温、低温、风雹、雪灾、雷电和沙尘暴等气象灾害以及由9种灾害共同构成的综合气象灾害风险评估和区划工作，并以图件形式展示不同空间尺度（国家尺度1∶100万、省级尺度1∶25万、市级尺度1∶10万和县级尺度1∶5万）各类气象灾害的风险水平，编制综合气象灾害风险地图。

风险评估的时空范围：空间范围为中华人民共和国境内（未含香港特别行政区、澳门特别行政区和中国台湾地区）31省（自治区、直辖市）及辖区内所属县（包括部分市辖区、县级市、自治县、旗、自治旗、林区和特区等），时间范围为1978—2020年。

（一）气象灾害风险评估

在气象灾害危险性普查、承灾体普查和历史灾情普查基础上，开展房屋建筑、人口、经济产值、农作物、基础设施等主要承灾体对各类气象灾害的暴露度和脆弱性分析，综合危险性、暴露度和脆弱性三要素，在不同区域尺度上（国家、省、市、县）开展针对上述承灾体的各类气象灾害风险定量评估。

（二）风险区划

建立气象灾害风险区划制图技术方法和规范化流程，基于气象灾害不同承灾体风险评估结果，研制各级和重点区域的气象灾害风险区划，完成制图工作并出版图件成果。

第三节　实　施　原　则

政府主导，地方负责。各省级人民政府是落实本地区气象灾害综合风险普查工作的责任主体，负责本地区普查工作的组织实施，协调解决重大事项，市县两级政府按照实施方案要求做好普查相关工作。省、市、县三级气象部门在当地政府的统一组织下开展气象灾害风险普查工作，中国气象局负责指导地方开展气象灾害风险普查工作。

突出重点，分类施策。此次普查，气象部门重点任务是以县级行政区为基本单元，开展全国气象灾害致灾因子调查和评估，开展气象灾害风险评估和区划。承灾体调查和评估、重点隐患调查与评估、历史灾害调查和评估由其他相关部门承担，气象部门通过信息共享方式获取相关信息并开展应用。

统一设计，规范实施。强化顶层设计，明确普查工作任务和要求，统一普查技术标准规范，统一系统平台，集中开展培训，确保全国按照统一的要求、统一的技术标准开展普查工作。集国家、省两级优秀专家成立“1+8+1”技术组，承担技术规范编制和对下技术指导工作。

试点先行，分步实施。在各地组织试点，在形成第一批普查成果之后，于2021—2022年全面开展普查工作，完成普查任务。

统筹集约，避免重复。本次普查要充分利用各地已开展的气象灾害风险普查的成果，统筹做好相关信息和数据的补充、更新和新增调查，避免不必要的重复普查。要充分利用山洪地质灾害气象风险普查的成果，强化与气象信息化工作的对接融合。

结果导向，强化应用。坚持边普查、边应用、边发挥效益的原则，充分应用普查成果提高气象灾害风险预警服务能力。

第四节　组　织　分　工

根据工作内容和性质，气象灾害综合风险普查分四级（国家级、省级、市级和县级）实施。

国家级：负责制定《全国气象灾害综合风险普查实施方案》；负责气象灾害风险普查技术规范、培训教材编制和技术培训；负责指导地方开展气象灾害风险普查工作，协助指导历史灾害与行业减灾资源（能力）调查；负责承担全国尺度气象灾害风险评估、风险区划工作；加工整理历史气象灾害调查评价成果数据；建设气象灾害调查数据采集、数据成果审核汇总、风险评估等软件系统，审核汇集省级成果数据，按要求统一汇交全国气象灾害普查成果。

省级：编制本地区气象灾害风险普查实施方案；组织开展本地区普查宣传和培训工作；组织开展本地区普查数据收集、整理、审核、分析工作，为市县两级提供全省气象灾害致灾因子数据；负责本省及市、县三级（省级以下致灾危险性评估及风险评估工作由本省研究确定是否开展）气象灾害风险评估和区划研制工作；负责本地区普查数据成果审核汇集，形成省级气象灾害风险普查成果。

市级：负责承担不设气象机构的县（区）的气象灾害风险普查工作；负责指导本地区所属市、县开展气象灾害风险普查工作；负责本地区普查数据成果审核汇集，协助省级开展气象灾害风险评估与区划工作，形成市级气象灾害风险普查成果。

县级：根据省级提供的气象灾害致灾因子数据，负责本地区气象灾害致灾因子（气象数据）的审核、补充、上报、汇交；通过整理历史灾情资料、档案查阅、现场勘查（调查）、与其他部门共享普查信息等方式获取本地区历史气象灾害信息，开展历史气象灾害信息的校对、补充和上报工作；加强与本级政府和相关部门的沟通，获取承灾体信息并上报；协助省级开展气象灾害风险评估与区划工作，形成县级气象灾害风险普查成果。

第三章 灾害致灾危险性调查与评估

第一节 台 风

一、台风事件调查及特征分析

台风事件调查内容包括登陆/影响台风信息（编号、名称、登陆时间、地点、强度、影响起止时间）、致灾因子信息（过程最大 10 min 平均风速、过程累计雨量、过程最大日雨量）、灾情信息（人口受灾、房屋受灾、农业受灾情况以及直接经济损失等）。

采用客观分离方法或人工判别方法来获取台站每次过程由台风所引起的风雨致灾因子信息。采用《台风灾害影响评估技术规范》（QX/T 170—2012）方法统计综合灾情指标。

根据台风风雨分离结果以及台风引起的风雨因子评估起点，在某次台风过程中，某地区代表台站满足任一起点条件时，则认为该地区受到此次台风影响。同时也可以采用各地业务实践中的影响台风定义。

根据登陆/影响台风信息及灾情信息，可作一些统计分析，如统计年台风频数、强度、各站台风暴雨日数、大风日数、风雨因子极值、年平均台风所引起的降水量、台风降水占年总降水量的平均比重等。根据综合灾情分级，结合风雨致灾因子强度，遴选出重大台风事件，可绘制重大台风路径、台风风雨空间分布图、灾情空间分布图等。

二、台风引起的降水及大风客观化分离方法

台风降水分离采用客观天气图分析法，其思想是模拟预报员利用天气图人工分离台风降水的过程，详细步骤如下：

（一）台风引起的降水客观化分离

1. 不同雨带分离

1）邻站降水率计算

邻站降水率计算公式为

$$r(j)=\begin{cases}\dfrac{m}{M} & p(j)>0\\ 0 & p(j)=0\end{cases} \tag{3-1}$$

式中 $r(j)$——台站 j 的邻站降水率；

m——邻站降水大于 0 的站点数；

$p(j)$——第 j 站降水，$j=1, 2, \cdots, N$；

M——台站 j 邻站总数，邻站定义为与当前台站距离小于 200 km 的台站。

2）潜在雨带中心选取

按以下步骤操作，共找到 K 个潜在雨带中心：

（1）将 $r(j)$ 降序排列。

（2）选择 $r(j)$ 最大的台站为第一个潜在雨带中心。

（3）检查另外 $N-1$ 个台站，当且仅当满足下列条件时可被选定为潜在雨带中心：

$$p(j)>0,\ r(j)>R_0,\ 且\ d\geqslant d_c \tag{3-2}$$

式中 R_0——常数，本标准中取为 0.4；

d——台站 j 与已入选潜在雨带中心之间距离的最小值；

d_c——距离常数，一般取 300 km。

3）雨带及其站点识别

对 K 个入选雨带中心的台站依次进行以下步骤：

（1）当且仅当该台站未隶属于任何已定义雨带时，它隶属于一

个新的雨带 l。

（2）如果台站 j 隶属于雨带 l，则对于它的任何一个未隶属于任何已定义雨带的邻站，当它满足下列条件之一时，则该邻站隶属于雨带 l。

$$p(j) \geqslant P_0，且 r(j) \geqslant R_0$$
$$p(j) > 0，且 r(j) \geqslant 0.5$$

（3）对新入选雨带 l 的台站，重复步骤（2），直至找不到任何满足条件的邻站时，回到步骤（1）。

通过上述方法分离出 $L(L \leqslant K)$ 个相互独立的雨带。

4）雨带边缘确定

雨带边缘确定仅限于所有未隶属于任何已定义雨带的有降水台站进行，对这样的台站分别作如下处理：

（1）统计出各已识别的雨带中的站点为其邻站的站数。

（2）找出站数最大的雨带，当站数大于 0 时，则认为台站属于这个雨带，否则为离散降水台站。

（3）上述两步骤重复一次或多次，将 L 个相互独立的雨带和一些离散的降水台站分离开来。

2. 台风雨带识别

1）潜在台风雨带筛选

对于雨带 l 满足下列任意一个条件时，可以定义为潜在台风雨带：

$$D_{tb} < D_0 + D_{min} \tag{3-3}$$

$$\sum v(k) \geqslant 8.0,\ k=1,\ \cdots,\ M_l \tag{3-4}$$

其中：

$$v(k)=\begin{cases} 4.0 & 当\ d(k) \leqslant 300 + D_{min} \\ 2.0 & 当\ 300 + D_{min} < d(k) \leqslant 400 + D_{min} \\ 1.0 & 当\ 400 + D_{min} < d(k) \leqslant 500 + D_{min} \\ 0.5 & 当\ 500 + D_{min} < d(k) \leqslant 600 + D_{min} \\ 0.0 & 其他 \end{cases} \tag{3-5}$$

式中 D_{tb}——台风中心与雨带 l 的加权重心之间的距离；

D_0——绝对台风降水距离控制阈值，见表 3-1；

D_{min}——台风中心与所有台站之间的最小距离，当台风登陆时取为 0；

$v(k)$——距离 $d(k)$ 的函数；

M_l——雨带 l 所拥有的台站数；

$d(k)$——台风中心与雨带 l 中台站 k 之间的距离。

2）完整的台风雨带确定

对于任一有降水的台站 j，如果它满足下列条件之一，则该台站隶属于台风雨带：

$$\begin{cases} D_{ts}<D_0 \\ D_{ts}<D_1 \quad \text{且台站} j \text{隶属于某一潜在台风雨带} \end{cases} \tag{3-6}$$

式中 D_{ts}——台风中心与台站 j 之间的距离；

D_1——台风范围控制阈值，见表 3-1。

通过上述过程，得到完整的台风雨带，若整条台风雨带的台站数不超过 3 个时，则认为无台风降水。

表 3-1 台风引起的降水分离方法参数设定

	台风中心附近最大风速/（$m \cdot s^{-1}$）	绝对台风降水距离控制阈值 D_0/km	台风范围控制阈值 D_1/km
远距离台风点	<17.2（热带低压）	200	500
	17.2~24.4（热带风暴）	300	700
	24.5~32.6（强热带风暴）	400	900
	≥32.7（台风及以上强度）	500	1100
近距离台风点	<17.2（热带低压）	300	700
	≥17.2（热带风暴及以上强度台风）	500	1100

注：当台风中心距离中国大陆或台湾岛、海南岛 300 km 以内时，定义为近距离台风点，否则为远距离台风点。

（二）台风引起的风速客观化分离

根据台风 6 小时路径段对应的平均强度等级确定扫描半径，见表

3-2，若气象观测站在扫描范围内，则认为该站风速受到台风影响；另外，若某站降水由台风引起，则自动认为该站风速也是由台风引起。

表 3-2 台风引起的风速分离扫描半径

台风平均强度/($m \cdot s^{-1}$)	扫描半径/km
$v<17.2$	100
$v \geqslant 17.2$ and $v<24.5$	150
$v \geqslant 24.5$ and $v<32.7$	200
$v \geqslant 32.7$ and $v<41.5$	250
$v \geqslant 41.5$ and $v<51.0$	300
$v \geqslant 51.0$	350

三、综合灾情评估方法

行标《台风灾害影响评估技术规范》(QX/T 170—2012）定义了台风灾害影响综合评估指数（CIDT），计算公式为

$$\mathrm{CIDT}=10\times\sqrt{\sum_{i=1}^{4} a_i d_i} \tag{3-7}$$

式中 a_i——灾害因子系数，取值见表 3-3；

d_i——灾害因子（其中 d_1 为死亡人数，人；d_2 为农作物受灾面积，千公顷；d_3 为倒塌房屋数，万间；d_4 为直接经济损失率，万分之一）。

直接经济损失率计算式：

$$d_4=\frac{\mathrm{DEL}}{\mathrm{GDP}}\times 10000 \tag{3-8}$$

式中 DEL——直接经济损失，亿元；

GDP——国内生产总值，亿元。

在计算全国范围的直接经济损失率时，采用上一年全国国内生产总值；计算某个台风对某个省（区、市）范围的直接经济损失率时，

采用上一年该省（区、市）区域内生产总值。台风灾害影响的评估因子系数见表3-3。

表3-3　台风灾害影响的评估因子系数

范围	系数			
	a_1	a_2	a_3	a_4
全国	1.279×10^{-3}	2.648×10^{-4}	3.019×10^{-2}	1.974×10^{-2}
省（区、市）	1.281×10^{-3}	6.902×10^{-4}	5.143×10^{-2}	7.137×10^{-4}

根据CIDT划分台风灾害影响等级，见表3-4。

表3-4　台风灾害影响等级的划分

范围	等级			
	轻灾	中灾	重灾	特重灾
全国	CIDT≤3.30	3.30<CIDT≤6.80	6.80<CIDT≤10.20	CIDT>10.2
省（区、市）	CIDT≤2.57	2.57<CIDT≤5.70	5.70<CIDT≤10.00	CIDT>10.00

四、台风致灾因子危险性评估

台风风雨致灾因子采用台风过程日最大风速（MW）、过程累积雨量（AP）、过程最大日雨量（MP）。评估过程中涉及各因子评估起点、风和雨因子权重系数、风雨各等级区间权重系数确定。最终基于致灾因子在各区间出现的累计概率，通过加权平均组合得到危险性评估指标。需要指出的是，国家级以全国范围内的县级样本为基础得出国家级参数，省级以各省范围内的县级样本为基础得出本省的参数，当省域范围内的县级样本较少时，可采用国家级参数。

根据收集县级台风灾情资料，提取出具有直接经济损失记录的样本，根据受台风影响的起止时间，提取逐日降水量和最大风速，统计评估中用到的致灾因子指标数值。由此形成的样本称为县级台风灾害样本，简称县级样本，含有影响起止时间、经价格订正的直接经济损失、过程最大风速、过程累积降水量和过程最大日降水量。

（一）台风引起的风雨致灾因子评估起点确定方法

在对台风风雨因子进行危险性评估时，需要考虑其具有一定的致灾性，因此需要确定评估的起点，剔除非致灾台风样本。

1. 风因子（MW）评估起点确定

以过程雨量小于 30 mm 为限来获取完全由风因子主导的样本；考虑站点资料的代表性及致灾潜力，进一步以 8 m/s 为界，剔除 5 级风以下的样本；以 MW 平均值与一倍标准差的差值作为 MW 的评估起点。

2. 雨因子（AP、MP）评估起点确定

筛选掉 MW 大于等于评估起点和 AP 小于 30 mm 的样本得到以降水量为主导因子的样本；以 AP 平均值与一倍标准差的差值作为 AP 的评估起点；以 MP 平均值与一倍标准差的差值作为 MP 的评估起点。

（二）台风引起的风雨致灾因子相关权重系数确定方法

台风引起的风雨致灾因子相关权重系数包括风雨因子间权重系数以及风雨各等级区间的权重系数。本方法将借助直接经济损失来进行分析，即风雨因子或其某个等级造成经济损失越重，则权重系数越大。

1. 风雨因子间权重系数确定

假设 MW、AP 和 MP 的评估起点分别确定为 a_1，a_2，a_3，风雨因子间权重系数确定步骤如下。

（1）以 MW$\geqslant a_1$，且 AP$<a_2$、MP$<a_3$为条件，从台风损失样本中得到以风因子主导的样本；对筛选出的样本进行质量控制，删除掉 MW 较小，而直接经济损失特别大的样本；可对删除前后的样本中 MW 与直接经济损失的相关系数变化来检验质量控制效果；计算最后得到的样本对应的直接经济损失中值 Z_W。

（2）以 MW$<a_1$，且 AP$\geqslant a_2$ 或 MP$\geqslant a_3$ 为条件，从台风损失样本中得到以雨因子主导的样本；对筛选出的样本进行质量控制，删除掉 AP 和 MP 较小，而直接经济损失特别大的样本；可对删除前后的样本中 AP 和 MP 与直接经济损失的相关系数变化来检验质量控制效

果；计算最后得到的样本对应的直接经济损失中值 Z_P。

（3）以风因子和雨因子主导的样本直接经济损失中值之和对应为 1，则计算风雨因子所占比例分别为 α、β，即为风雨因子的权重系数。

2. 风雨因子等级间权重系数确定

风雨因子的不同量级所带来的危害性差异较大，有必要再进一步确定不同量级间的权重系数，为此本方法中以风雨评估起点为基础对 MW、AP、MP 进行了等级区间划分，见表 3-5。

表 3-5 各致灾因子等级区间

致灾因子	等级区间				
	区间 1	区间 2	区间 3	区间 4	区间 5
MW/(m·s^{-1})	[a_1，10.8)	[10.8，17.2)	[17.2，24.5)	[24.5，32.7)	≥32.7
AP/mm	[a_2，100)	[100，200)	[200，300)	[300，400)	≥400
MP/mm	[a_3，100)	[100，150)	[150，200)	[200，250)	≥250

下面以风因子等级间权重系数确定为例介绍相关方法，步骤如下：

（1）以风因子主导的样本为基础，建立 MW 与直接经济损失之间的关系模型。

（2）以 a_1 取整后的数值为基础，以 1 m/s 为步长，至 32 m/s，分别代入建立好的模型，计算对应的直接经济损失估算值。

（3）求算表 3-5 前 4 个区间直接经济损失平均值，设这 4 个值之和对应为 1，则其所占比例即确定为这 4 个区间的权重系数。

（4）区间 5 权重系数直接设为 1。

基于雨因子主导的样本，分别建立 AP、MP 与直接经济损失之间的关系模型，并按照上述步骤统计各等级区间的权重系数。

在实际工作中，最终符合要求的样本较少时，风因子和雨因子权重系数可采用国家级方案中的 0.4 和 0.6；风雨因子不同等级区间的权重系数，可采用国家级方案权重系数。国家级方案中各因子等级区间权重系数见表 3-6。

表 3-6　国家级方案中各因子等级区间权重系数

致灾因子	区间 1	区间 2	区间 3	区间 4	区间 5
MW	0.09	0.15	0.28	0.48	1
AP	0.04	0.16	0.33	0.47	1
MP	0.09	0.18	0.30	0.43	1

(三) 信息扩散技术计算累计概率方法

信息扩散技术用于解决样本信息不充分、数据不完备的小样本概率分布估计问题，其基本原理可简单表述为：当我们用一个不完备数据估计一个关系 R 时，一定存在合理的扩散方式可以将观测值变为模糊集，以填充由不完备性造成的部分缺陷从而改进非扩散估计。信息扩散技术的计算方法如下。

设样本数为 m 的气象要素指标论域为

$$\mathrm{U}=\{u_1, u_2, \cdots, u_n\} \tag{3-9}$$

按照式（3-10），一个单值观测样本y_j可以将其所携带的信息扩散给 U 中的所有点，

$$f_j(u_i)=\frac{1}{h\sqrt{2\pi}}\mathrm{e}^{-\frac{(y_j-u_j)^2}{2h^2}} \tag{3-10}$$

$$h=\begin{cases}0.8146(b-a), & m=5\\ 0.5690(b-a), & m=6\\ 0.4560(b-a), & m=7\\ 0.3860(b-a), & m=8\\ 0.3362(b-a), & m=9\\ 0.2986(b-a), & m=10\\ 2.6851(b-a)/(m-1), & m\geqslant 11\end{cases} \tag{3-11}$$

式中　a——样本集合中样本的最小值；

b——样本集合中样本的最大值；

m——样本个数；

h——扩散系数，可根据 a、b 和 m 来确定。

令：

$$C_j=\sum_{i=1}^{n} f_j(u_i) \tag{3-12}$$

$$\mu_{y_j}(u_i)=\frac{f_j(u_i)}{C_j} \tag{3-13}$$

$$q(u_i)=\sum_{j=1}^{m} \mu_{y_j}(u_i) \tag{3-14}$$

$$Q=\sum_{i=1}^{n} q(u_i) \tag{3-15}$$

则u_i出现的概率为

$$P(u_i)=\frac{q(u_i)}{Q} \tag{3-16}$$

式中 C_j——过程变量；

Q——过程变量。

（四）台风致灾因子危险性评估方法

台风致灾因子危险性计算式：

$$H=\alpha\times H(\mathrm{MW})+\beta\times\left[\frac{H(\mathrm{AP})+H(\mathrm{MP})}{2}\right] \tag{3-17}$$

式中 $H(\mathrm{MW})$——MW 的危险性；

$H(\mathrm{AP})$——AP 的危险性；

$H(\mathrm{MP})$——MP 的危险性；

α——风因子危险性权重；

β——雨因子危险性权重。

$$H(\mathrm{MW})=\sum_{i=1}^{5}\left[w_i\times P(i)\right] \tag{3-18}$$

式中 i——表示表 3-5 划分的等级区间，取 1，…，5；

w_i——第 i 区间的权重系数；

$P(i)$——第 i 区间的累积概率。

$H(\mathrm{AP})$、$H(\mathrm{MP})$ 计算同式（3-18）。

根据危险性指标值分布特征，将危险性分为强、较强、一般、较弱、弱5个等级，绘制空间分布图。

第二节 暴 雨

一、暴雨灾害危险性数据

（一）资料收集内容与流程

暴雨灾害危险性数据的收集分为两个阶段。首先，需要对工作进行总体设计、组织安排，按照资料收集内容进行调研，制定数据采集方案；其次，根据资料收集内容和数据采集方案进行数据的收集、整理、质量核查、录入对应表格、复核、汇交、归档。

暴雨灾害危险性数据的收集内容有：暴雨数据、历史灾情数据、基础地理信息。

1. 暴雨数据

通过对暴雨数据的收集，调查能够描述评估区域内暴雨灾害特征的相关气象资料。利用有观测记录以来的逐日降水资料（20时~20时），计算不同区域的雨季降水量、暴雨日数，利用广义极值分布（GEV）方法计算不同时长降水的重现期。

对暴雨过程的调查分为两个部分，分别是基于单站的暴雨过程调查和区域性暴雨过程调查。基于单站的暴雨过程调查主要考虑以单站气象观测降水数据为基础，确定局地暴雨过程的主要降雨特征，调查暴雨过程中不同时效的降雨强度、降雨发生时间及持续时间等。区域性暴雨过程调查则是依据业务运行标准对区域性暴雨过程进行识别判定，在单站暴雨过程调查的基础上，主要增加降雨影响范围、面积、时间以及综合强度的调查。

该部分的工作一般由国家级或省级部门按照规范要求，开发数据采集软件，制作相应的分类调查数据集。省级将确定好的暴雨灾害过程下发至县级，指导县级进一步开展灾情调查或者灾情核查。

2. 历史灾情数据

历史灾情数据的调查分为两个方面：一方面调查历次单站和区域暴雨灾害损失情况；另一方面调查县级历年暴雨灾害损失情况。调查历次单站和区域暴雨灾害损失情况包括历次暴雨灾害导致灾情的起止时间、淹没信息以及居民区、农业、工业、基础设施的受灾情况和水雨情描述。调查县级历年暴雨灾害损失情况包括受灾的年份、受灾次数、受灾人口、死亡人口、倒损房屋、农业影响和直接经济损失等。

历史灾情数据的调查方法同样分为两个方面：一方面，先行对暴雨灾情资料进行初步的收集，收集方法包括历史文献检索法、成果调研法、实地调查法、遥感和地理信息分析法、多媒体大数据采集处理等；另一方面，通过第一次全国自然灾害综合风险普查“历史灾情组”提供的信息，对缺失的暴雨灾害事件的灾情资料进行补充完善。

具体来说，历史文献检索法、成果调研法、实地调查法、遥感和地理信息分析法以及多媒体大数据采集处理都是比较常用且推荐的调查方法。历史文献检索法，是通过对历史文献、部门年鉴进行检索查询获得数据信息、线索；成果调研法，是对已开展的相关工作和研究成果进行调研，通过合作、共享、专家咨询等方式采集信息；实地调查法，是通过到实地进行观察、测量、咨询、问卷调查等形式获取信息；遥感和地理信息分析法，是从遥感图像、地理信息中识别和提取、加工、分析获取相关信息；多媒体大数据采集处理则是对各类网络信息进行提取、处理，获得与暴雨灾害相关的信息。

（二）质量检验

填报单位对填报数据真实性进行校验，主要包括数据准确性、数据一致性、数据完整性。

（1）数据准确性检查：对数据精度、空间精度等检查；对有逻辑关系的字段，检查逻辑合理性，符合常识；对数据进行查重处理。

（2）数据一致性检查：对数据类型一致性、单位匹配、空间匹配一致性等进行检查。

（3）数据完整性检查：对内容填报、范围、指标、时间等的完整性进行检查。

填写的调查表要进行复核和审核，审核表格内容的准确性、规范性和完整性，确认无误后再行在线填报，采用逐级审核制度，审核完成方能入风险普查库。所有数据均要注明资料准确来源。

二、致灾因子危险性分析

（一）致灾因子识别

在单站暴雨日和暴雨过程的定义（详见第二章）基础上定义单站暴雨过程强度评估指标，包括以最大日降水量表征短时间雨势，以过程降水量表征累积降水雨势，以过程持续天数表征持续时间。单站暴雨过程强度的 4 个评估指标定义如下。

1. 最大小时降水量 I_{1pre}

整个暴雨过程中，小时降水量最大值。

2. 最大日降水量 I_{24pre}

整个暴雨过程中，日降水量最大值。

3. 过程累积降水量 I_{pre}

整个暴雨过程的累积降水量。

4. 暴雨持续天数 I_{day}

暴雨过程的开始日至结束日总天数。

通过上述暴雨灾害致灾特征进行致灾因子的初步筛选，并基于灾损指数确定致灾因子。首先对暴雨灾害的具体灾情进行解析，分离出不同承灾体的损失情况，然后利用承灾体损失计算灾损指数，通过灾损指数和致灾因子的关系分析，确定暴雨灾害的短历时雨强致灾因子和过程性雨强致灾因子。

（二）暴雨过程强度指数以及强事件

1. 暴雨过程强度指数

单站暴雨过程强度指数的计算公式：

$$IR = A \times I_{1pre} + B \times I_{24pre} + C \times I_{pre} + D \times I_{day} \tag{3-19}$$

式中 IR——单站暴雨过程强度指数；

I_{1pre}——归一化处理的最大小时降水量；

I_{24pre}——归一化处理的最大日降水量；

I_{pre}——归一化处理的过程累积降水量；

I_{day}——归一化处理的暴雨持续天数；

A——权重系数；

B——权重系数；

C——权重系数；

D——权重系数。

权重系数采用信息熵赋权法或相关系数法等方法。

说明：小时雨量数据不足的县（市），可建立仅3个评估指标的暴雨过程强度评价模型。

$$IR = A \times I_{24pre} + B \times I_{pre} + C \times I_{day} \tag{3-20}$$

权重系数确定方法同上。

2. 暴雨过程强度等级及强事件

以不少于30年所有暴雨过程的强度指数为样本，采用百分位数法，划分为一般性、略偏强、偏强、明显偏强和极端事件5个等级，见表3-7。其中强度等级达到1级和2级的事件称作强事件。

表3-7 暴雨过程强度的等级划分及评估

百分位范围 R	$R \leq 50\%$	$50\% < R \leq 70\%$	$70\% < R \leq 85\%$	$85\% < R \leq 95\%$	$R > 95\%$
等级	5	4	3	2	1
评估	一般性	略偏强	偏强	明显偏强	极端事件

【示例】 以武汉市为例，采用最大日降水量、过程累积降水量和暴雨持续天数3个评估指标。以1981—2010年30年暴雨过程为样本，权重系数采用相关系数法（$A=0.3$；$B=0.4$；$C=0.3$），等级划分采用百分位数法，见表3-8，得到暴雨过程强度等级划分标准，见表3-9。

表 3-8 武汉市暴雨过程强度的等级划分及评估

百分位范围 R	$R \leqslant 50\%$	$50\% < R \leqslant 70\%$	$70\% < R \leqslant 85\%$	$85\% < R \leqslant 95\%$	$R > 95\%$
暴雨强度指数	$H \leqslant 0.05$	$0.05 < H \leqslant 0.09$	$0.09 < H \leqslant 0.12$	$0.12 < H \leqslant 0.19$	$H > 0.19$
等级	5	4	3	2	1
评估	一般性	略偏强	偏强	明显偏强	极端事件

表 3-9 暴雨过程强度等级划分及评估（分 4 级）

百分位范围 R	$R \leqslant 50\%$	$50\% < R \leqslant 75\%$	$75\% < R < 90\%$	$R \geqslant 90\%$
等级	4	3	2	1
评估	一般性	偏强	强	极端事件

（三）年雨涝指数

累加当年逐场暴雨过程强度值，得到年雨涝指数。

三、致灾因子危险性评估

暴雨诱发的灾害及其次生灾害与暴雨过程强度、暴雨发生地的地理地貌条件等孕灾环境密切相关。一般来说，暴雨灾害过程的强度越强、孕灾环境越脆弱，暴雨诱发的山洪、中小河流洪水以及滑坡、泥石流等次生灾害发生的可能性越大，暴雨致灾的危险性就越大。因此，致灾因子危险性评估主要从暴雨事件本身和孕灾环境两方面来评价暴雨致灾的危险性。下文详细介绍暴雨孕灾环境影响系数和致灾因子危险性指数的计算。

（一）暴雨孕灾环境影响系数

暴雨孕灾环境指暴雨影响下，对形成洪涝、泥石流、滑坡、城市内涝等次生灾害起作用的自然环境。暴雨孕灾环境对暴雨致灾危险性起扩大或缩小作用。暴雨孕灾环境影响系数先计算地形、水系、地质灾害易发条件等因子的影响系数，再进行加权综合。

1. 地形影响系数 p_h

地形影响系数主要包括高程和地形变化。高程数据可以从基础地理信息数据中直接提取，地形变化采用高程标准差表示。一般来说，地势越低、地形变化越小的平坦地区不利于洪水的排泄，容易形成涝灾。

对任一评估点，利用以该点为中心、其周围 8 个格点的高程值计算高程标准差 s_h：

$$s_h = \sqrt{\frac{\sum_{j=1}^{n}(h_j - \bar{h})^2}{n}} \tag{3-21}$$

式中 h_j——周围 8 个点的海拔高度，m；

$\bar{h}$——评估点的海拔高度，m；

n——8。

根据海拔高度和高程标准差，确定地形因子影响系数，见表 3-10。

表 3-10 地形因子影响系数赋值表

高程标准差	海拔高度/m				
	<100	[100，300)	[300，500)	[500，800)	≥800
<1	0.9	0.8	0.7	0.6	0.5
[1，10)	0.8	0.7	0.6	0.5	0.4
[10，20)	0.7	0.6	0.5	0.4	0.3
≥20	0.5	0.4	0.3	0.2	0.1

2. 水系影响系数 p_r

水系影响系数主要考虑评估点距离水体的远近和所在区域的水网密度，分别用水体距离系数和水网密度系数表示。一般来说，距离河流、湖泊、大型水库等越近的地方，河网越密集的区域遭受洪涝灾害的风险越大。

水体距离系数 p_{rd}，按距离水体（河流、湖泊、水库）的远近取相应的数值，见表 3-11。

表 3-11　水体距离系数赋值表

水体面积/km^2	距离水体距离/km	p_{rd}	距离水体距离/km	p_{rd}	距离水体距离/km	p_{rd}	距离水体距离/km	p_{rd}
[10，50)	<0.3	0.9	[0.3，0.5)	0.8	[0.5，1)	0.6	≥1	0~0.4
[50，200)	<0.5	0.9	[0.5，1)	0.8	[1，2)	0.6	≥2	0~0.4
≥200	<1	0.9	[1，2)	0.8	[2，3)	0.6	≥3	0~0.4

水网密度系数 p_{rm} 为单位面积内自然和人工河道的总长度，水网密度系数赋值表见表 3-12。

表 3-12　水网密度系数赋值表

水网密度	p_{rm}
<0.01	0
[0.01，0.24)	0.1
[0.24，0.41)	0.2
[0.41，0.57)	0.3
[0.57，0.74)	0.4
[0.74，0.91)	0.5
[0.91，1.08)	0.6
[1.08，1.24)	0.7
[1.24，1.41)	0.8
≥1.41	0.9

水系影响系数 p_r 根据各地情况可取为水体距离系数、水网密度系数，或者水体距离系数和水网密度系数的平均值。

3. 地质灾害易发条件系数 p_d

根据地质灾害易发程度，对地质灾害易发条件系数赋值，见表 3-13。

表 3-13 地质灾害易发条件系数赋值表

地质灾害易发程度	不易发	低易发	中易发	高易发
p_d	0	0.3	0.6	0.9

4. 暴雨孕灾环境影响系数（I'_e）

综合考虑地形、水系、地质灾害易发程度，评估点的暴雨孕灾环境综合指数（I_e）可以通过 p_h、p_r、p_d 的加权平均得到，即：

$$I_e = w_h p_h + w_r p_r + w_d p_d \tag{3-22}$$

式中 w_h——地形影响系数的权重；

w_r——水系影响系数的权重；

w_d——地质灾害易发条件系数的权重。

三者满足 $w_h+w_r+w_d=1$。权重值的大小根据各地地理地貌对暴雨灾害的影响情况确定。

考虑评估区域一致性，计算完区域内各点暴雨孕灾环境综合指数后，对其进行规范化处理，得到评估点的暴雨孕灾环境影响系数（I'_e）：

$$I'_e = -c + 2c\left(\frac{I_e - I_{emin}}{I_{emax} - I_{emin}}\right) \tag{3-23}$$

式中 I_{emin}——区域内的最小暴雨孕灾环境综合指数；

I_{emax}——区域内的最大暴雨孕灾环境综合指数；

c——常数，取值在 0.2~0.4 之间。

计算得到的暴雨孕灾环境影响系数如为负值，则表示孕灾环境对致灾危险性其消减作用，为正值则表示加重致灾危险性。

上述表格中的阈值范围、赋值大小可根据各地实际情况进行调整。

（二）致灾因子危险性评估

暴雨危险性评估计算式：

致灾因子危险性指数=（1+暴雨孕灾环境影响系数）×年雨涝指数

（3-24）

根据当地地形、地貌特征，也可选用：

$$致灾因子危险性指数=暴雨孕灾环境影响系数\times A_1+年雨涝指数\times A_2 \tag{3-25}$$

式中 A_1——暴雨孕灾环境影响系数的权重系数；

A_2——年雨涝指数的权重系数。

四、致灾因子危险性区划

基于计算出的暴雨致灾危险性评估指数，综合考虑行政区划（或气候区、流域等）和历史灾情情况，确定各等级的阈值，对致灾因子危险性进行基于空间单元的划分，并根据结果制成图件。

致灾因子危险性等级划分表见表 3-14。

表 3-14 暴雨致灾因子危险性等级划分表

致灾因子危险性等级	4	3	2	1
级别含义	低	较低	较高	高

五、重大暴雨灾害专项调查与评估

（一）重大暴雨灾害事件的选择

重大暴雨灾害是指由于暴雨及其引发的次生灾害造成人员伤亡、重大财产损失和重大社会影响涉及公共安全的灾害。重大暴雨灾害事件的选择主要根据以下两个方面。

（1）根据暴雨过程的强度和影响范围，选择暴雨过程强度指数达到极端事件标准的过程作为重大暴雨灾害事件。

（2）根据暴雨灾害造成的人员伤亡、经济损失的大小等损失情况选取重大暴雨灾害事件。重大、特大暴雨灾害事件的标准：①重大暴雨灾害事件是指因灾死亡 30 人（含）以上 100 人以下，或者伤亡总数 100 人（含）以上 300 人以下，或者直接经济损失 1 亿元（含）以上 10 亿元以下的；②特大暴雨灾害事件是指因灾死亡 100 人（含）以上或者伤亡总数 300 人（含）以上，或者直接经济损失 10 亿元（含）以上的。

除上述选择标准外，国家级、省级、县级可根据各自特点，确定不同空间尺度的重大暴雨灾害事件。

（二）重大暴雨灾害事件调查内容

根据评估区域的尺度和主要影响对象，采用不同的技术开展更加精细的补充调查与评估。其中雨情调查可增加区域自动站资料、雷达估测降水资料的调查；强降水造成的淹没范围可根据卫星资料情况，增加遥感调查和影响信息的大数据调查。

（三）重大暴雨灾害事件危险性评估

可根据暴雨灾害事件的发生发展过程，依据暴雨和孕灾环境的变化，对重大暴雨灾害事件的危险性进行评估。

第三节 干 旱

一、致灾危险性调查

（一）气象相关资料收集整理及站点选取

收集与干旱形成密切相关的历史气象观测资料，包括降水量、气温、日照、风速、相对湿度、蒸发量等，以及土壤湿度等物理参数、农作物生育期等农气相关观测资料。气象资料序列时段为 1978—2020 年。省、市、县级尽可能考虑各类气象站，站点选取根据资料序列长度以及质量确定。

（二）气象干旱指数的选取及计算

目前，气象干旱指数较多，需要从能够反映当地实际干旱情况、业务应用等方面来选择适合当地的气象干旱指数开展调查。

考虑到气象干旱综合指数［MCI，算法见《气象干旱等级》（GB/T 20481—2017）］推广程度较高且已应用于实时干旱监测评估业务服务，监测时间尺度为日，并能够较好地反映干旱实际发生发展演变情况，本次调查将其选为基础指标。具体计算方法如下：

干旱是由于长期亏缺和近期亏缺综合效应累加的结果，气象干旱综合指数（MCI）考虑了60天内的有效降水（权重累计降水）、30天内蒸散（相对湿润度）以及季度尺度（90天）降水和近半年尺度（150天）降水偏少程度的综合影响。指数适用于作物生长季逐日气象干旱的监测和评估。

气象干旱综合指数（MCI）：

$$MCI = Ka \times (a \times SPIW_{60} + b \times MI_{30} + c \times SPI_{90} + d \times SPI_{150}) \quad (3\text{-}26)$$

式中 MCI——气象干旱综合指数；

MI_{30}——近30天相对湿润度指数；

SPI_{90}——近90天标准化降水指数；

SPI_{150}——近150天标准化降水指数；

$SPIW_{60}$——近60天标准化权重降水指数；

a——$SPIW_{60}$项的权重系数，北方及西部地区取0.3，南方地区取0.5；

b——MI_{30}项的权重系数，北方及西部地区取0.5，南方地区取0.6；

c——SPI_{90}项的权重系数，北方及西部地区取0.3，南方地区取0.2；

d——SPI_{150}项的权重系数，北方及西部地区取0.2，南方地区取0.1；

Ka——季节调节系数，根据不同季节各地主要农作物生长发育阶段对土壤水分的敏感程度确定。

注：这里北方及西部地区指我国西北、东北、华北和西南地区，南方地区指我国华南、华中、华东等地区。

根据MCI指数大小，进行日干旱程度划分，分为：无旱、轻旱、中旱、重旱、特旱等级。详细计算方法参见《气象干旱等级》(GB/T 20481—2017)。

各地可根据当地普查需求，择优挑选2～3种能够较好反映干旱实际情况的指数作为辅助指数进行统计分析，如：降水距平百分率、相对湿润度指数、标准化降水指数、标准化降水蒸散指数、帕尔默干旱指数、水分亏缺指数等，以及针对不同承灾体的干旱指数、遥感干旱监测指数。

（三）干旱过程客观识别方法

开展干旱过程致灾因子调查，需要先进行单站和区域干旱过程的客观识别，县级主要以单站干旱过程为主，国家级、省级需进行区域干旱过程识别。干旱过程识别以 MCI 为基础指标，依据《区域性干旱过程监测评估方法》（QX/T 597—2021）进行，其中国家级、省级和县级分别采用动态区域干旱过程识别、固定区域干旱过程识别、单站干旱过程识别等方法进行过程识别，并按照年设置干旱过程序号。

单站和区域干旱过程具体方法见行业标准《区域性干旱过程监测评估方法》（QX/T 597—2021）。

1. 单站干旱过程识别

单站干旱过程识别：基于逐日 MCI 指数统计，当某站连续 15 天及以上出现轻度及以上干旱，且至少有一天干旱强度达中旱及以上，则判定为发生一次干旱过程。

干旱过程日数：干旱过程时段内第一次出现轻旱的日期，为干旱过程开始日；干旱过程发生后，当连续 5 天干旱等级为无旱或偏湿时，则干旱过程结束，干旱过程结束前最后一天干旱等级为轻旱或以上的日期为干旱过程结束日。干旱过程开始日到结束日（含结束日）的总天数为干旱过程日数。

累积干旱强度是干旱指数强度与持续时间的综合，其值计算式：

$$S(n)=n^{a-1}\sum_{i=1}^{n} I_i \tag{3-27}$$

式中 n——干旱持续天数；

$S(n)$——干旱持续 n 天的累计干旱强度；

I_i——第 i 天干旱指数的绝对值，$1\leqslant i\leqslant n$，轻旱以下干旱指数记为 0；

a——权重系数，一般取 0.5~1.0，推荐取 0.5。

干旱过程强度：通过滑动干旱过程内持续干旱天数计算累积干旱

强度，取干旱过程内最强累计干旱强度作为单站干旱过程强度 Z_s，其值计算式：

$$Z_s = \max_{k=1,m;\ n=1,k}(S(n)) \tag{3-28}$$

式中 m——干旱过程总天数；

$S(n)$——干旱持续 $n(1 \leqslant n \leqslant m)$ 天的累积干旱强度；

$\max_{k=1,m;\ n=1,k}(\ )$——通过不断滑动比较寻找某时段内干旱日 $k(1 \leqslant k \leqslant m)$，$n(1 \leqslant n \leqslant k)$ 天累积干旱强度的最大值。

2\. 固定区域干旱过程识别

针对省（市）级行政区或某相似气候地区等固定区域范围，宜通过区域内站点平均干旱强度来判断干旱过程。

区域日干旱强度：当某日区域内站点平均干旱强度达轻旱及以上等级，且至少有一站干旱强度等级达到中旱以上，则认为该日发生区域干旱。区域日干旱强度 I_d 计算式：

$$I_d = \frac{1}{k}\sum_{i=1}^{j} I_i \tag{3-29}$$

式中 k——区域内总站数；

j——区域内干旱等级达轻旱及以上的站点数；

I_i——区域内干旱等级达轻旱及以上站点的干旱指数。

干旱过程的确定：当区域日干旱强度 I_d 达到轻旱及以上等级，且连续 15 天及以上，至少有一日干旱强度达中旱及以上等级，则发生一次区域性干旱过程。区域性干旱过程时段内第一次出现轻旱的日期，为干旱开始日；干旱过程发生后，当出现连续 5 天干旱等级为无旱时，则区域性干旱过程结束，干旱过程结束前最后一天气象干旱等级达轻旱及以上的日期为结束日。

干旱过程日数：区域性干旱过程开始日到结束日（含结束日）的总天数为干旱过程日数。

区域累积干旱强度是区域干旱指数强度与持续时间的综合，其值计算式：

$$D(n)=n^{a-1}\sum_{i=1}^{n}I_d(i) \tag{3-30}$$

式中 $D(n)$——区域累积干旱过程强度；

n——干旱过程日数；

$I_d(i)$——干旱过程内第 i 天的区域日干旱强度的绝对值；

a——权重系数，一般取 0.5~1.0，推荐取 0.5。

区域干旱过程强度：通过滑动区域干旱过程内持续干旱天数计算区域累积干旱强度，取区域干旱过程内最强累积干旱强度作为区域干旱过程强度 Z，其值计算式：

$$Z=\max_{k=1,m;\ n=1,k}(D(n)) \tag{3-31}$$

式中 m——干旱过程总天数；

n——干旱过程内干旱持续天数，$1\leqslant n\leqslant m$；

$D(n)$——区域累积干旱过程强度；

$\max_{k=1,m;\ n=1,k}(\ )$——通过不断滑动比较寻找某时段内干旱日 k $(1\leqslant k\leqslant m)$，$n(1\leqslant n\leqslant k)$ 天累积干旱强度的最大值。

3. 动态区域干旱过程识别

针对全国或省级以上区域，可在监测范围内，通过连续日站点之间的重叠率来判断干旱过程。

区域性干旱日：某日监测范围内有大于等于某一百分比的相邻监测站点出现中度或以上强度干旱，则定义为 1 个区域性干旱日。相邻监测站点指站点之间的距离在一定范围以内，全国区域性干旱过程宜为 200 km 以内。全国区域性干旱过程相邻监测站点百分比宜为 5%。

干旱过程的确定：当连续的区域性干旱日之间站点重合率大于等于某一百分比，且持续时间在一定天数以上时，则判定为一次区域性干旱过程。全国区域性干旱过程的判定，站点重合率宜大于等于 50%，持续时间宜为 15 天以上。满足区域性干旱过程判定条件的首日为区域性干旱过程开始日；区域性干旱过程开始后，当连续一定时间出现中旱或以上强度的站点数小于区域总站点数的某一百分比或者与前一天的站点数重合率小于某一百分比时，即表示该次干旱过程结束，并将前一天确定为该次区域性干旱过程的结束日。判定全国区域性干旱过程结束时，连续时间宜为 5 天，站点百分比宜小于 5%，站点重合率宜小于 50%。

区域性干旱过程持续天数：区域性干旱过程开始日至结束日（包括结束日）之间的天数为干旱过程持续天数。

区域干旱过程强度：依据一次区域性干旱过程中的干旱强度、影响面积和持续时间确定其干旱过程强度 Z，区域性干旱过程强度计算式：

$$Z = I \times A^{\alpha} \times T^{\beta} \tag{3-32}$$

式中 I——干旱强度，为干旱过程内所有达到中旱及以上站点逐日干旱指数绝对值的平均值；

A——干旱过程影响面积，为干旱过程内逐日干旱影响面积的平均值，也可用区域性干旱过程内逐日达到中旱及以上的站点数的平均值来表征，km^2；

T——区域干旱过程持续天数；

α——权重系数，通常取 0.5；

β——权重系数，通常取 0.5。

（四）干旱过程致灾危险性调查

国家级、省级对区域干旱过程的持续时间、影响范围、累积干旱强度、干旱过程强度及强度等级等方面进行统计分析和评估。县级开展单站干旱过程致灾危险性调查，如单站干旱过程持续时间、过程强度、过程累积强度（中旱及其以上）等，还可根据资料情况，选择性地开展干旱过程降水量、干旱过程降水距平百分率、平均气温距平、最长连续无降水日数、相对湿润度指数等的调查。

根据《区域性干旱过程监测评估方法》（QX/T 597—2021）干旱强度等级评估方法，开展单站和区域干旱过程强度等级评估。

采用百分位数，基于最近三个整年代（1981—2010 年）的各次干旱过程的干旱过程强度 Z，将区域性干旱过程划分为一般、较强、强和特强四级，见表3-15。

表3-15 区域性干旱过程强度等级划分

区域性干旱过程等级	干旱过程强度 Z 的百分位数
特强	$95\% \leqslant Z \leqslant 100\%$
强	$80\% \leqslant Z < 95\%$
较强	$50\% \leqslant Z < 80\%$
弱	$0 < Z < 50\%$

(五) 年度干旱致灾危险性调查

国家级和省级年度干旱致灾因子调查有：区域平均年降水量、不同区域干旱过程强度等级次数。县级年度干旱致灾因子调查有：年降水量、年干旱过程总累积强度（中旱及其以上）、年干旱日数、不同干旱等级的年干旱日数、年最长连续干旱日数、年最长干旱过程、强度及评估等级、年最强干旱过程、强度及评估等级、年干旱过程总次数、不同干旱过程强度等级次数。

(六) 调查表

基于上述调查内容，编制系列调查表，供调查时参考使用。

(1) 省级历次干旱过程致灾危险性调查表（见附表4）、省级年度干旱灾害致灾危险性调查表（见附表5）。

(2) 县级历次干旱过程致灾危险性调查表（见附表6）。

二、调查流程、方法与质量检验

(一) 干旱致灾危险性调查流程

第一步，各级需对辖区调查工作进行总体设计和组织安排；根据需要，统一规划确定调查的内容；根据调查内容和调查表，制定数据采集方案；省级需做好本辖区气象干旱指数、干旱过程客观识别相关统计分析工作，下发给县级使用。第二步，各级进行数据收集、整理、逐级质量核查。第三步，基于系统平台开展调查数据的录入、复核、汇交和归档等。

（二）调查主要方法

（1）资料统计分析法。基于技术方法指标和历史气象资料开展统计分析。

（2）统计结果和实地实际情况核查相结合法。

（3）历史文献检索法。通过对历史文献、部门年鉴进行检索查询获得数据信息、线索。

（4）遥感和地理信息分析法。从遥感图像、地理信息中采用科学技术方法识别和提取、加工、分析获取相关信息。

（三）调查信息质量检验

（1）填报单位对正式报出调查表进行复核和审核，对表格内容的准确性、规范性和完整性进行审核，审查无误后方可在线填报。

（2）填报后，逐级进行审核，审核后入库。

（3）数据质量控制。数据真实性审核校验，注明资料来源。数据准确性检查，对数据精度、空间精度等检查；对有逻辑关系的字段，检查逻辑合理性，符合常识；对数据进行查重处理。数据一致性检查，对数据类型一致性、单位匹配、空间匹配一致性等进行检查。数据完整性检查，对内容填报、范围、指标、时间等的完整性进行检查。

三、干旱危险性评估

（一）干旱致灾因子统计及优选

1. 干旱过程致灾因子

统计干旱过程降水量、降水距平百分率、最长连续无降水日数以及干旱过程总累积强度、干旱过程持续时间、干旱过程强度等。

2. 年尺度干旱致灾因子

统计年降水量及距平百分率、年干旱过程总累积强度及年干旱日数、不同等级的年干旱日数、年最长连续干旱日数、年最长干旱过程、强度及评估等级、年最强干旱过程、强度及评估等级、年干旱过程总次数等。

3. 针对农作物（小麦、玉米、水稻）干旱致灾因子统计

针对小麦、玉米、水稻这三种作物，各地根据实际种植情况，结合生育期及不同生育期阶段，基于干旱指标进行致灾因子统计，如：各生育期的作物水分亏缺距平指数或降水负距平百分率、基于 MCI 的干旱总累积强度、干旱发生频率等。

4. 干旱灾害致灾因子优选

根据干旱灾害以及针对农作物的致灾机理和特征，选取合适的气象干旱及农业干旱指标。基于过程或年尺度，农作物则基于不同生育期及全生育期，结合干旱直接经济损失、减产率等，采用相关统计方法，估算灾损指数与各特征致灾因子关系，选取通过显著性检验的因子作为优选致灾因子。

（二）干旱危险性指数确定

基于选取的致灾因子，采用反映干旱强度、发生频率多指标权重综合分析方法，开展危险性评估：

$$H=\sum_{i=1}^{n} W_i X_i \tag{3-33}$$

式中 X_i——危险性指标的标准化值；

W_i——危险性指标的权重；

i——危险性的第 i 个指标；

H——危险性指数。

采用信息熵赋权法等方法确定权重。

建议基于 MCI 指数，统计年干旱过程总累积强度，分析不同重现期的年干旱过程总累积强度的阈值，通过权重求和的方法得到干旱危险性评估指数。

年干旱过程总累积强度为年尺度内多次干旱过程中的累积干旱强度的总和，日干旱等级可为轻旱或中旱等级及以上。该指标可以反映干旱时长和强度的综合指标。具体统计方法如下：

$$\mathrm{SMCI}=\sum_{j=1}^{m}\sum_{i=1}^{n}\mathrm{MCI}_{ij} \tag{3-34}$$

式中　SMCI——单站年多次干旱过程总累计干旱强度（绝对值）；

MCI_{ij}——j 次干旱过程中第 i 天气象干旱综合指数；

n——j 干旱过程持续天数；

m——站点年干旱过程数。

基于年尺度历史序列，通过对比检验，优选拟合分布函数，计算5、10、20、50、100年一遇的阈值 T_5、T_{10}、T_{20}、T_{50}、T_{100}，如果没有合适的分布函数，也可采用百分位的方法计算。基于年过程总累积强度的干旱危险性指数表达式：

$$H = a_1 \times T_5 + a_2 \times T_{10} + a_3 \times T_{20} + a_4 \times T_{50} + a_5 \times T_{100} \tag{3-35}$$

其中 a_1、a_2、a_3、a_4、a_5 表示权重，权重采用信息熵赋权法等方法来确定。

如果优选致灾因子为多个，可分别采用同样的方法，最后加权求和获得危险性评估指数。

说明：式（3-30）中危险性指标 X_i 也可根据各地实际情况，选取适当的反映干旱强度和发生频率的因子以乘法等不同形式，再进行干旱危险性指数构建。

由于分析中，各要素及其包含的具体指标间的量纲和数量级都不同。为了消除这种差异，使各指标间具有可比性，需要对每个指标作归一化处理。归一化后的指标值均位于0~1之间。指标归一化的计算公式：

$$D_{ij} = \frac{A_{ij} - \min_i}{\max_i - \min_i} \tag{3-36}$$

式中　D_{ij}——j 区第 i 个指标的规范化值；

A_{ij}——j 区第 i 个指标值；

$\min_i$——第 i 个指标值中的最小值；

$\max_i$——第 i 个指标值中的最大值。

信息熵赋权法如下：

设评价体系是由 m 个指标 n 个对象构成的系统，首先计算第 i 项指标下第 j 个对象的指标值 r_{ij} 所占指标比重 P_{ij}：

$$P_{ij}=\frac{r_{ij}}{\sum_{j=1}^{n} r_{ij}} \quad (i=1,2,\cdots,m;j=1,2,\cdots,n) \tag{3-37}$$

由熵权法计算第 i 个指标的熵值 S_i：

$$S_i=-\frac{1}{\ln n}\sum_{j=1}^{n} P_{ij}\ln P_{ij} \quad (i=1,2,\cdots,m;j=1,2,\cdots,n) \tag{3-38}$$

计算第 i 个指标的熵权，确定该指标的客观权重 w_i：

$$w_i=\frac{1-S_i}{\sum_{i=1}^{m}(1-S_i)} \quad (i=1,2,\cdots,m) \tag{3-39}$$

（三）干旱致灾危险性等级划分

根据危险性指数 H 的大小，划分为四级，低危险、较低危险、较高危险、高危险等级，干旱危险评估等级划分标准见表 3-16。具体使用时等级标准可根据各地实际情况进行调整。

表 3-16 干旱危险评估等级划分标准

等级	等级名称	划分标准
4	低危险性	$H\leqslant\bar{x}-\delta$
3	较低危险性	$\bar{x}-\delta<H\leqslant\bar{x}+\delta$
2	较高危险性	$\bar{x}+\delta<H\leqslant\bar{x}+2\delta$
1	高危险性	$H>\bar{x}+2\delta$

注：$\bar{x}$为区域 H 的算术平均值，δ 为区域 H 的标准差。

（四）方法使用注意事项

考虑各地干旱致灾的复杂性，这里干旱危险性指标仅为推荐指标，可根据各地实际情况，基于致灾因子统计和优选识别的结果，酌情选取，以能够反映当地干旱实际情况为准。危险性等级标准的划分也可根据实际干旱灾情程度进行调整，也以符合实际情况为准。

（五）干旱危险性评估成果

（1）按照要求编制国家、省、市、县四级干旱危险性评价图。

制图要求为空间属性：矢量/栅格。时间分辨率：年。空间分辨率：县级行政单元。属性指标：危险性指数及等级值，危险性等级为4个等级。比例尺：全国1∶100万；省级1∶25万；市县1∶10万或1∶5万。单位：标准化值，无量纲。

（2）完成干旱调查和危险性评估报告，包括干旱致灾因子特征、自然地理环境、干旱灾损特征、干旱危险性分析方法及评估等。

第四节　高　　温

一、资料

高温危险性调查与评估所使用的资料主要是影响和邻近评估区域的自动监测气象站点日值数据，包括气温、风速、相对湿度等要素。

二、致灾危险性因子调查及评估

（一）致灾危险性因子

高温灾害的危险性因子包括：高温热浪区域过程和单站过程的开始与结束时间、平均最高气温、极端最高气温、日较差、风速、相对湿度、持续时间、影响范围、过程平均最高气温、过程平均最高气温距平、单日最大范围、单日最大范围出现日期、过程日平均最低气温、过程日平均最高气温、过程日平均气温、单日最低气温、单日最高气温、单日平均气温、单日最低气温出现日期、单日最高气温出现日期、单站最低气温日值、单站最高气温日值、单站最低气温日值站名、单站最高气温日值站名、单站最低气温日值出现日期、单站最高气温日值出现日期等。

（二）致灾危险性评估内容

根据评估区域高温灾害特点，基于高温灾害事件的发生强度、持续时间、影响范围等，根据高温致灾机理，确定高温的危险性因子，评估高温灾害危险性水平。北京市房山区极端最高气温及高温日数空间分布如图 3-1 所示。北京市房山区高温过程和高温强度的时间分布如图 3-2 所示。

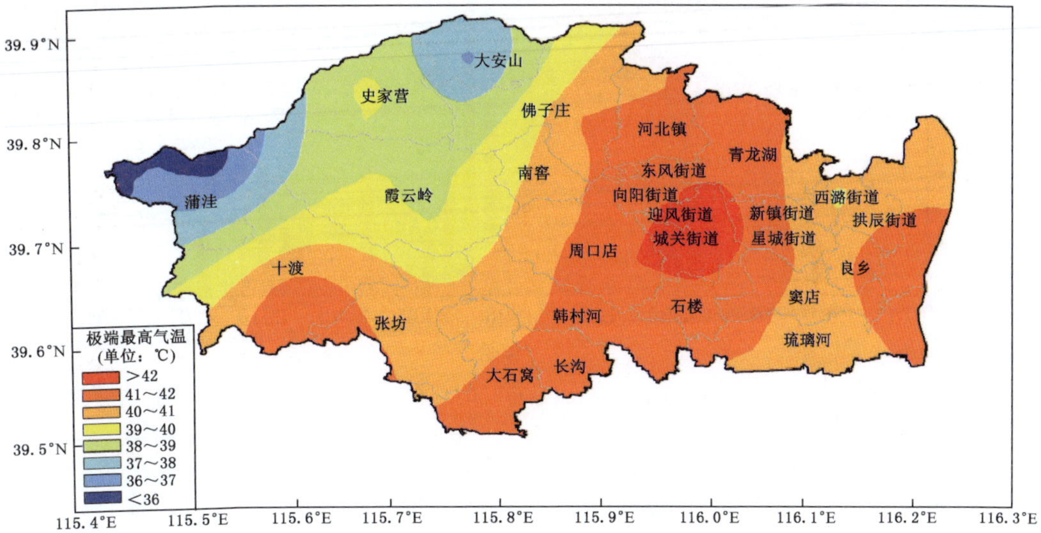

(a) 极端最高气温空间分布

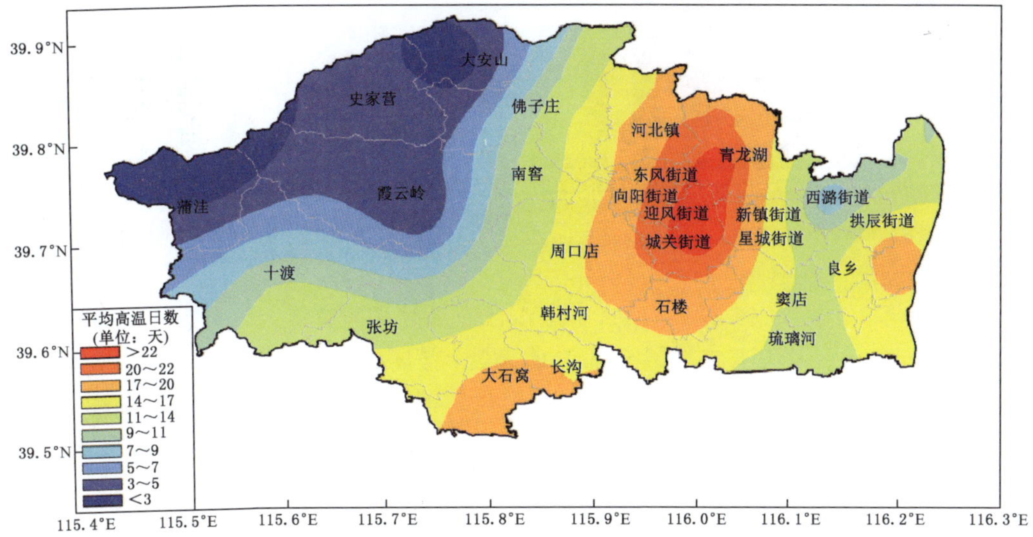

(b) 高温日数空间分布

图 3-1 北京市房山区极端最高气温及高温日数空间分布

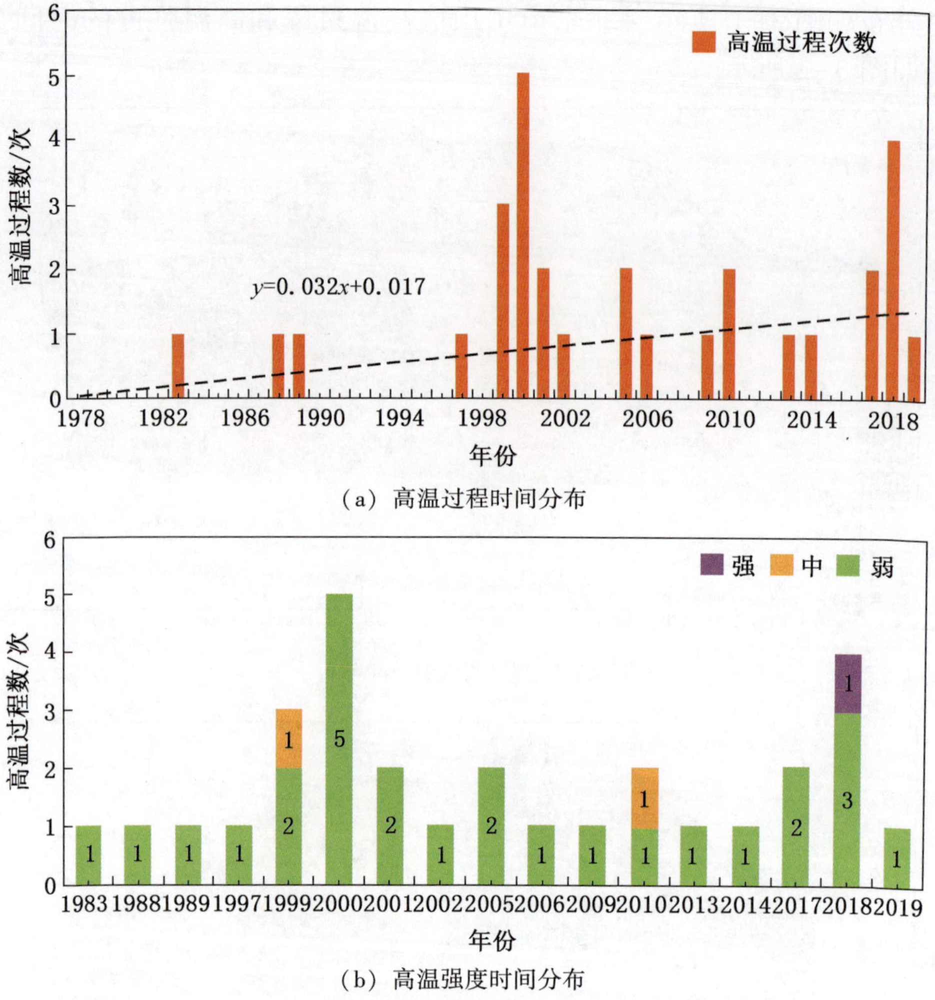

图 3-2　北京市房山区高温过程和高温

（日最高气温>35 ℃的天数）强度的时间分布

主要评估内容如下：

（1）区域全部站点 35 ℃高温天数统计。

（2）极端最高温度空间分布图。

（3）平均最高温度空间分布图。

（4）高温过程持续时间空间分布图。

（5）高温灾害危险性指数空间分布图。

（6）高温灾害危险性（频次）历年变化图。

（7）高温灾害危险性（强度）历年变化图。

（8）高温灾害危险性（持续时间）历年变化图。

（三）危险性评估方法

1. 致灾因子处理

高温灾害致灾因子包括高温过程持续时间和高温强度。高温强度可选取高温过程平均、过程极端最高气温和过程平均最高气温等。不同地区或省亦可根据灾情识别或选取不同高温灾害致灾因子。

将有量纲的致灾因子数值经过归一化变换，化为无量纲的数值，进而消除各指标的量纲差异。

归一化方法包括线性函数归一化、0 均值标准化等，其中线性函数归一化方法计算公式为

$$x'=\frac{x-x_{\min}}{x_{\max}-x_{\min}} \tag{3-40}$$

式中　x'——归一化后的数据；

x——样本数据；

$x_{\min}$——样本数据中的最小值；

$x_{\max}$——样本数据中的最大值。

2. 危险性评估

危险性评估方法：

$$H=\sum_{i=1}^{N}\alpha_i\times x_i \tag{3-41}$$

式中　H——致灾因子危险性指数；

x_i——第 i 种致灾因子归一化值；

α_i——第 i 种致灾因子权重系数。

危险性评估的权重系数可由信息熵赋权法确定。这就意味着参与计算的每个指标值序列必须是完整的，如果某个指标值序列缺失值太多，就有可能会导致权重分配过大。具体计算同式（3-37）、式（3-38）、式（3-39）。

基于高温灾害危险性评估结果，综合考虑行政区划（或气候区、流域等），对高温灾害危险性进行基于空间单元的划分，并根据危险性评估和分区结果制作成果图件。根据高温灾害危险性指标值分布特征，可使用标准差等方法，将高温灾害危险性分为 4 级。北京市房山区高温危险性等级空间分布图如图 3-3 所示。

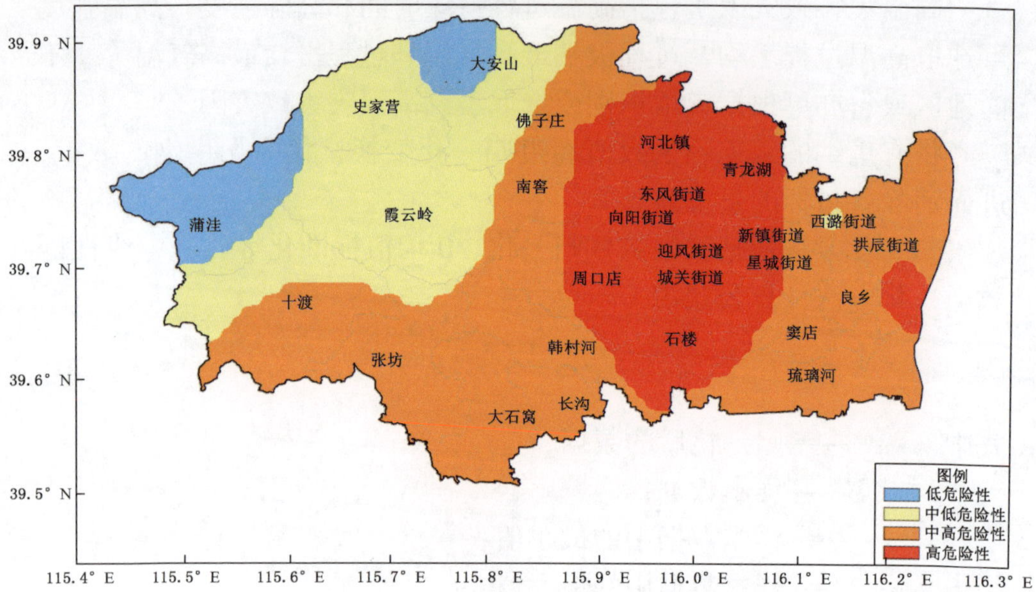

图 3-3　北京市房山区高温危险性等级空间分布图

具体分级标准如下：

1 级：危险性值<平均值-1σ；

2 级：平均值$-1\sigma \leqslant$危险性值<平均值；

3 级：平均值$\leqslant$危险性值<平均值$+1\sigma$；

4 级：危险性值$\geqslant$平均值$+1\sigma$。

其中，危险性值为危险性指标值，平均值为区域内非 0 危险性指标值均值，σ 为区域内非 0 危险性指标值标准差。

第五节 低 温

一、低温灾害的危险性及影响

本书所指低温灾害的危险性调查与评估方法涉及以下 4 类灾害：冷空气（寒潮）、霜冻害、低温阴雨（寡照）及冰冻（凝冻）灾害。

冷空气（寒潮）：使所经地点气温下降的空气；把冷空气发生、发展、结束的天气过程称为冷空气过程。参照《冷空气过程监测指标》(QX/T 393—2017) 定义 2.1 和 2.2。按照冷空气强度，可分为中等强度冷空气、强冷空气和寒潮 3 个等级。

霜冻害：由于日最低气温下降使植株茎、叶温度下降到 0 ℃或 0 ℃ 以下，使正在生长发育的作物受到冻伤，从而导致减产、品质下降或绝收。参照《作物霜冻害等级》(QX/T 88—2008 定义 2.2)。

低温阴雨（寡照）：早稻播种育秧期间，因冷空气南下，直接影响早稻种子发芽、生长，致使秧苗的生理机能失调和诱发病害，而最终导致烂秧死苗的低温寡照天气。参照《早稻播种育秧期低温阴雨等级》(QX/T 98—2008 定义 2.1)。

冰冻（凝冻）：过冷水滴、雾滴或湿雪与温度低于 0 ℃的物体碰撞立即冻结的现象。参照《冰冻天气等级》(GB/T 34297—2017 定义 2.4)。

二、普查内容

低温灾害危险性普查内容主要包括冷空气（寒潮）、霜冻害、低温阴雨（寡照）及冰冻（凝冻）灾害 4 类低温事件危险性指标。各省可自主选取这 4 类低温灾害（可选取其中几种低温灾害）或其他区域性低温灾害开展危险性普查和评估。

（一）低温灾害事件识别

按照冷空气（寒潮）、霜冻害、低温阴雨（寡照）及冰冻（凝冻）灾害 4 类低温事件判别标准，对低温事件分别进行识别，然后根据要求普查危险性指标。

1. 冷空气（寒潮）

参照《冷空气过程监测指标》（QX/T 393—2017），单站冷空气（寒潮）事件依据单站降温幅度和日最低气温判定：单站 48 小时降温幅度大于等于 6 ℃则判定单站达中等强度冷空气级别，持续两日及以上判定为出现一次冷空气过程。从达到中等强度冷空气级别的日期向前推，某日之后为连续降温则当日为冷空气过程开始日，从达到中等强度冷空气级别日期向后推，连续降温或仍满足中等强度冷空气条件，则冷空气过程持续，否则最后一日为冷空气过程结束日。开始日到结束日之间的天数为本次冷空气过程持续时间。一次冷空气过程中日降温幅度之和为最大降温幅度。

区域冷空气过程统计标准为至少连续 2 天且每日监测区内大于等于 170 个监测站点（国家级）或监测区域内大于等于 20%（区域或省级）的监测站点出现中等以上强度的单站冷空气。在单次区域冷空气过程中，计算逐日 48 小时降温幅度大于等于 6 ℃的站点数时，如果出现其随时间减少后又增加的情况，则此过程应被判定为两次过程，站点数出现增加的前一日为前一次过程结束日，站点数出现增加的当日为后一次过程开始日。满足区域冷空气过程判定条件的首日为区域冷空气过程开始日；区域冷空气过程开始后，单日监测区内小于 170 个监测站点（国家级）或监测区域内小于 20%（区域或省级）的监测站点出现中等及其以上强度的单站冷空气的首日为区域冷空气过程结束日。

基于区域冷空气过程的识别结果普查国家、省、市（县）等行政单位历年区域性冷空气（寒潮）发生频次。

2. 霜冻害

参照《中国灾害性天气气候图集》，霜冻害依据单站日最低气温判定：将日最低气温小于等于 2 ℃作为霜冻指标（区域霜冻害标准可结合当地情况作出调整），满足霜冻指标判定条件的首日为霜冻害过程开始日，满足霜冻指标判定条件的最后一日为霜冻害过程结束日。开始日到结束日之间的天数为本次霜冻害过程持续时间（霜冻日数）。以各行政大区单站霜冻日数平均值统计地区、省、市（县）等行政单位历年霜冻日数。

3. 低温阴雨（寡照）

参照《早稻播种育秧期低温阴雨等级》(QX/T 98—2008)，低温阴雨依据单站日平均气温、日照时数判定：日平均气温小于 12 ℃，持续三日及以上，过程平均日照时数小于 3 小时为一次低温阴雨（寡照）过程，满足低温阴雨（寡照）指标判定条件的首日为低温阴雨（寡照）过程开始日，满足低温阴雨（寡照）指标判定条件的最后一日为低温阴雨（寡照）过程结束日。开始日到结束日之间的天数为本次低温阴雨（寡照）过程持续时间。以各行政大区单站低温阴雨日数平均值统计地区、省、市（县）等行政单位历年低温阴雨日数。

4. 冰冻（凝冻）

依据《贵州省凝冻灾害气象等级标准》(DB 52/T 652—2010）和《贵州短期气候预测技术》，冰冻（凝冻）依据单站日平均气温、日最低气温和日降水量判定：将日平均气温小于等于 1 ℃、日最低气温小于等于 0 ℃、有降水（降水量大于 0.1 mm）三者同日出现作为冰冻（凝冻）指标，满足冰冻（凝冻）指标判定条件的首日为冰冻（凝冻）过程开始日，满足冰冻（凝冻）指标判定条件的最后一日为冰冻（凝冻）过程结束日。开始日到结束日之间的天数为本次冰冻（凝冻）过程持续时间。以各行政大区单站冰冻（凝冻）日数平均值统计地区、省、市（县）等行政单位历年冰冻（凝冻）日数。

基于上述识别的低温灾害事件，确定各类型低温灾害致灾因子，如过程持续时间 D 和强度，强度可选取过程平均气温 T_{ave} 和过程极端最低气温 $ET_{\min}$、过程平均最低气温 $AT_{\min}$、过程最大降温幅度 $\mathrm{Max}\Delta T$、过程平均日照时数 PAS、过程累积降水量 PAP 等。针对不同低温灾害类型，具体见表3-17，不同地区或省亦可根据灾情识别或选取不同低温灾害致灾因子。

表3-17 低温灾害致灾因子

低温灾害类型	危险性指标
冷空气（寒潮）	持续时间 D_{cold}、过程最大降温幅度 $Max\Delta T$、过程极端最低气温 ET_{min} 等
霜冻	霜冻日数 D_{frost}、霜冻期平均气温 T_{ave}、霜冻期平均最低气温 AT_{min} 等
低温阴雨（寡照）	持续时间 D_{lowT}、过程日平均气温 T_{ave}、过程平均日照时数 PAS、过程累积降水量 PAP 等
冰冻（凝冻）	冰冻日数 D_{frozen}、过程日平均气温 T_{ave}、过程平均最低气温 AT_{min}、过程累积降水量 PAP 等

（二）致灾危险性

1. 冷空气（寒潮）

冷空气（寒潮）普查内容包括单站历次冷空气（寒潮）开始日（精确到年月日）、结束日（精确到年月日）、持续时间（单位：天）、过程最低气温（单位：℃）、最大降温幅度（单位：℃），单站历年冷空气（寒潮）发生频次以及国家、省、市（县）各级行政单位历年区域性冷空气（寒潮）发生频次。

2. 霜冻害

霜冻害普查内容包括单站历次霜冻害开始时间（精确到年月日）、结束时间（精确到年月日）、持续时间（单位：天），单站历年霜冻害发生频次以及地区、省、市（县）各级行政单位历年霜冻害发生频次。

3. 低温阴雨（寡照）

低温阴雨（寡照）普查内容包括单站历次低温阴雨开始时间（精确到年月日）、结束时间（精确到年月日）、持续时间（单位：

天)，单站历年低温阴雨发生频次以及地区、省、市（县）各级行政单位历年低温阴雨发生频次。

4. 冰冻（凝冻）

冰冻（凝冻）普查内容包括单站历次冰冻（凝冻）开始时间（精确到年月日）、结束时间（精确到年月日）、持续时间（单位：天)，单站历年冰冻（凝冻）发生频次以及国家、省、市（县）各级行政单位历年冰冻（凝冻）发生频次。

（三）致灾危险性评估

危险性评估针对不同类别低温灾害，选取相关致灾因子，首先将各致灾因子进行归一化处理，然后对各致灾因子加权求和获得危险性指数。权重系数的确定亦可采用信息熵赋权法或其他方法。

（1）冷空气（寒潮）危险性指数计算公式如下：

$$H_{cold}=A\times D_{cold}+B\times \mathrm{Max}\Delta T+C\times ET_{min} \tag{3-42}$$

式中 H_{cold}——冷空气（寒潮）危险性指数；

D_{cold}——归一化后的冷空气过程持续时间；

$\mathrm{Max}\Delta T$——归一化后的冷空气过程最大降温幅度；

ET_{min}——归一化后的冷空气过程极端最低气温；

A——权重系数；

B——权重系数；

C——权重系数。

（2）霜冻危险性指数计算公式如下：

$$H_{frost}=A\times D_{frost}+B\times T_{ave}+C\times AT_{min} \tag{3-43}$$

式中 H_{frost}——霜冻害危险性指数；

D_{frost}——归一化后的霜冻日数；

T_{ave}——归一化后的霜冻过程平均气温；

AT_{min}——归一化后的霜冻过程平均最低气温；

A——权重系数；

B——权重系数；

C——权重系数。

（3）低温阴雨（寡照）危险性指数计算公式如下：

$$H_{\mathrm{lowT}} = A \times D_{\mathrm{lowT}} + B \times PAS + C \times T_{ave} + D \times PAP \tag{3-44}$$

式中 H_{lowT}——低温阴雨（寡照）危险性指数；

D_{lowT}——归一化后的低温阴雨（寡照）过程持续时间；

PAS——归一化后的低温阴雨（寡照）过程平均日照时数；

T_{ave}——归一化后的低温阴雨（寡照）过程平均气温；

PAP——归一化后的低温阴雨（寡照）过程累积降水量；

A——权重系数；

B——权重系数；

C——权重系数；

D——权重系数。

（4）冰冻（凝冻）危险性指数计算公式如下：

$$H_{\mathrm{frozen}} = A \times D_{\mathrm{frozen}} + B \times T_{ave} + C \times AT_{\min} + D \times PAP \tag{3-45}$$

式中 H_{frozen}——冰冻危险性指数；

D_{frozen}——归一化后的冰冻（凝冻）过程日数；

T_{ave}——归一化后的冰冻（凝冻）过程平均气温；

$AT_{\min}$——归一化后的冰冻（凝冻）过程平均最低气温；

PAP——归一化后的冰冻（凝冻）过程累积降水量；

A——权重系数；

B——权重系数；

C——权重系数；

D——权重系数。

（5）归一化是将有量纲的数值经过变换，化为无量纲的数值，进而消除各指标的量纲差异。归一化方法有线性函数归一化、0 均值标准化等，其中线性函数归一化方法计算公式为

$$x' = \frac{x - x_{\min}}{x_{\max} - x_{\min}} \tag{3-46}$$

式中 x'——归一化后的数据；

x——样本数据；

x_{min}——样本数据中的最小值；

x_{max}——样本数据中的最大值。

三、致灾危险性区划

低温灾害涉及冷空气（寒潮）、霜冻、低温阴雨（寡照）、冰冻（凝冻）灾害等灾害类型，各省可根据本省实际情况选择不同种类低温灾害，分别计算各低温灾害危险性指数后，将各低温灾害危险性指数加权求和得到低温灾害危险性。低温灾害危险性计算公式如下：

$$H=\sum_{i=1}^{N} \alpha_i \times X_i \tag{3-47}$$

式中 H——低温灾害危险性指数；

X_i——第 i 种低温灾害［如冷空气、霜冻、低温阴雨（寡照）、冰冻（凝冻）等］危险性指数值；

α_i——第 i 种低温灾害权重系数，可由熵权法获得。

基于低温灾害危险性评估结果，综合考虑行政区划（或气候区、流域等），对低温灾害危险性进行基于空间单元的划分，并根据危险性评估结果制作成果图件。根据低温灾害危险性指标值分布特征，可使用标准差等方法，将低温灾害危险性分为 4 级，见表 3-18。

表 3-18 低温灾害危险性等级划分标准

等级值	名称	标准
Ⅰ	高	$H \geqslant (ave+\sigma)$
Ⅱ	较高	$ave \leqslant H < (ave+\sigma)$
Ⅲ	较低	$(ave-\sigma) \leqslant H < ave$
Ⅳ	低	$H < (ave-\sigma)$

其中，H 为危险性指标，ave 为区域内非 0 危险性指标值均值，σ 为区域内非 0 危险性指标值标准差。各省可根据区域实际数据分布特征，对上述分级标准进行适当调整。

致灾危险性也可以分为5级，见表3-19。

表3-19　低温灾害危险性区划等级

等级	1	2	3	4	5
致灾危险性	高	较高	中	较低	低

依照《公开版纸质地图质量评定》(GB/T 19996—2017)，将危险性评估结果和区划结果制作成果图件，国家级成果图件比例尺不低于1∶100万，省、市（县）级成果图件比例尺不低于1∶25万。

第六节　风　　雹

一、大风

大风灾害风险普查分为国、省、市和县四级。本教材对国家级工作和省级工作作说明，市级和县级工作由省级单位各自进行指导。

大风灾害的危险性调查包括历史大风灾害事件调查和大风的气候特征调查。

（一）资料与方法

数据：①国家级地面气象站观测大风资料（若调查区域无国家级地面气象站点数据，收集区域自动站数据作为补充），包括最大风速和极大风速及天气现象；②根据各种年鉴（包括但不限于《中国气象灾害年鉴》《中国气象灾害大典》及各省气象灾害年鉴、各省防灾减灾年鉴、各省灾害年鉴、地方志等）、文献及其他部门提供的承灾体资料等收集整理历次大风灾害事件；③全国1∶100万、省级1∶25万及市县级1∶10万（或县级1∶5万）基础地理信息数据，包括地形及土地利用数据；④调查区域内历次大风灾害事件的气象预警信号记录。

数据处理方法：极大风速观测年限较短时，可使用最大风速数据或者对极大风速数据进行延伸。极大风速数据延伸的参考方法可根据统计方法选择日极大风速和日最大风速建立两因子的回归方程，确立它们的关系，利用两因子的回归方程由日最大风速推算日极大风速。

（二）历史灾害事件调查

调查历史大风灾害事件的基本信息，包括开始日期、结束日期、持续时间、影响范围；调查历史大风灾害事件的致灾因子信息，包括大风分类、日最大风速和风向或日极大风速和风向；调查历史大风灾害事件的空间分布特征以及月、季节、年际变化特征。

整理历史大风灾害事件的灾情信息，如事件受灾分布、直接经济损失、农业受损面积（受灾面积和成灾面积）、受灾人口、建筑物及设施倒损（房屋的倒塌和损坏，临时/简易建筑物倒损，电杆等其他倒损）和详细灾情描述等。灾情信息由相关部门协调共享并可适当调整所列之项目。

整理历史大风灾害事件的灾情特征，分析各省各市县大风灾害灾情分布特点（各地区灾情记录次数等），成灾形式（如人员伤亡、直接经济损失、农作物受灾面积、倒塌房屋等类型）。此结果可用作最终风险评估的检验以及不同承灾体的脆弱性评估。

（三）大风气候特征调查

各省统计调查区域内单站点大风日数、单站点大风日日极大风速平均值，绘制各个站点的年际、月际大风日数、日极大风速平均值的时间序列曲线图。分析调查区域内大风日数和日极大风速均值的空间分布特征。

各省对调查区域的大风类型进行划分，可划分为雷暴大风和其他大风。根据气象站数据分析不同种类大风的基本特征，包括各站点的雷暴大风（其他大风同）日数（累积大风日数、年大风日数最大值、年平均大风日数）和极值等特征。

（四）致灾危险性评估

大风危险性评估包括大风危险性指标建立及危险性空间区划。

大风致灾因子的危险性可用大风的强度和大风频次来描述。选择八级以上大风日数和极大风速极大值来表示大风灾害的频数和强度。八级以上大风日数越多，大风发生越频繁，极大风速极值越高，可能发生强度越大，则大风灾害的危险性就越高。

统计调查区域内各个站点一年内大于八级大风风速的大风日数作为频次信息，频次统计单位为日/年。统计各个站点所有大风日的极大风速极大值作为强度信息，统计单位为m/s。根据层次分析法设定强度和频次权重，计算公式为

$$致灾因子危险性=强度权重\times大风强度+频次权重\times大风频次 \tag{3-48}$$

上式中强度权重与频次权重之和为1。各省可根据自己情况，选择统计大于十级大风风速的频次和强度作为极端大风危险性指标，进行极端大风危险性评估和区划。

（五）致灾危险性区划

大风危险性区划结果分国家级、省级、市级和县级四级。在进行危险性等级的划分时，可以参考规范的划分标准，即可根据评估区域平均危险性水平值倍数法划分等级，也可使用其他百分位法、自然断点法等方法划分等级。危险性区划等级为4等级，1级为高危险性，2级为较高危险性，3级为较低危险性，4级为低危险性。

危险性评估及区划以栅格为评估单元，即区/县范围内有 n 个栅格，每个栅格的危险性值和危险性等级可能并不一样。对所有站点的大风强度和大风频次分别进行空间插值，得到空间插值后的栅格数据（大风强度空间分布图和大风频次空间分布图）。根据公式分别对大风强度空间分布与大风频次空间分布赋予权重后叠合，得出大风危险性指标的空间分布。划分 i 栅格的危险性级别，最后得到危险性等级划分栅格文件（.tiff格式）。

二、冰雹

（一）致灾危险性调查

冰雹灾害致灾因子调查包括降雹日期、降雹频次、降雹开始时

间、降雹结束时间、降雹持续时间、降雹时极大风速、最大冰雹直径等，按照附表 11 的格式填写。

1. 调查方法

调查方法可以采取气象数据整理和判识法、历史文献检索法、成果调研法、实地调查法、遥感和地理信息分析法、网络信息收集法等，通常以气象数据整理和判识为主，辅助以其他方法。

气象数据整理和判识法：整理气象部门国家级地面气象站 A 文件中关于冰雹的记录；整理人工影响天气作业点关于冰雹的记录；地方信息员上报的降雹和雹灾记录等。可辅助以天气雷达观测数据进行判识。

历史文献检索法：通过对历史文献、部门年鉴、地方志等进行检索查询获得数据信息、线索。

成果调研法：通过对已开展的相关工作和研究成果进行调研，通过合作、共享、专家咨询等方式采集信息。

遥感和地理信息分析法：采用科学技术方法从遥感图、地理信息中识别和提取、加工、分析获取相关信息。

网络信息收集法：通过浏览和程序软件抓取微博、互联网站等网络资源，分析提取获取相关信息，需要确保可靠性。

2. 数据收集和处理

气象观测资料：1978 年以来的冰雹观测记录，根据资料获取实际年限，时段可作适当调整。国家级冰雹灾害风险评估可使用国家站冰雹观测数据，省级及以下冰雹灾害风险评估除使用国家站数据外，需通过气象灾害年鉴、气象志、地方志、信息员记录等其他方式补充冰雹数据。

灾情资料：获取其他部门共享的冰雹灾情资料，包括冰雹灾害历年（次）受灾面积、绝收面积、直接经济损失等数据（空间尺度为县域或乡镇，时间范围为 1978—2020 年）。

将冰雹直径的定性描述转换成定量数据，冰雹直径定性描述对应的冰雹直径估算见表 3-20。

表 3-20 冰雹直径定性描述对应的冰雹直径估算

信息描述	估算直径/mm
拳头	60~70
鸡蛋	50
乒乓球、核桃	40
鹌鹑蛋、葡萄、枣、卫生球	20
蚕豆粒、杏核	15
花生米	10
玉米粒、豌豆粒、黄豆粒	8
绿豆、米粒	5

（二）危险性评估与区划

根据评估区域冰雹灾害特点，通过灾情解析或以往研究成果确定冰雹致灾因子，分别赋予权重，开展致灾危险性评估，综合考虑行政区划等，对冰雹灾害危险性进行基于空间单元的等级划分。

1. 致灾因子的确定

对冰雹灾害的具体灾情进行解析，分离出不同承灾体的损失情况，利用承灾体损失计算灾损指数，通过灾损指数和致灾因子的关系分析，确定冰雹灾害致灾因子。以直接经济损失为例，具体方法如下：

将评估区域内一次冰雹灾害造成的直接经济损失除以当年该区域的 GDP，得到灾损指数 I：

$$I=\frac{D}{E} \tag{3-49}$$

式中 I——灾损指数；

D——直接经济损失，万元；

E——评估区域当年 GDP，万元。

使用 Pearson 相关系数计算方法，分别计算灾损指数与归一化处理后的最大冰雹直径、降雹持续时间、降雹时极大风速的相关系数，选取通过显著性检验（$\alpha=0.05$）的因子作为冰雹灾害致灾因子。

当评估区域内收集的同时具备最大冰雹直径、降雹持续时间、降雹时极大风速和用于构建灾损指数的要素样本少于30个时，根据以往研究结果，直接选用最大冰雹直径、降雹持续时间和雹日作为致灾因子。

2. 致灾危险性评估

通过灾损指数确定的冰雹致灾因子主要体现了冰雹强度的影响。当雹日（或降雹频次）越多时，发生冰雹灾害的可能性越大，因此冰雹灾害致灾危险性评估需综合考虑冰雹强度和雹日（或降雹频次）的综合作用。因此，危险性指数 VE：

$$VE=0.5X_G+0.5X_R \quad (3-50)$$

式中 X_G——冰雹强度指数样本平均值，将通过灾损指数确定的冰雹致灾因子进行加权求和，取历次过程平均值；

X_R——雹日（或降雹频次）样本累计值。

当直接选用最大冰雹直径、降雹持续时间、雹日作为致灾因子时，危险性指数：

$$VE=W_DX_D+W_TX_T+W_RX_R \quad (3-51)$$

式中 X_D——最大冰雹直径样本平均值；

X_T——降雹持续时间样本平均值；

X_R——雹日（或降雹频次）样本累计值；

W_D——最大冰雹直径的权重；

W_T——降雹持续时间的权重；

W_R——雹日（或降雹频次）的权重。

W_D、W_T、W_R 三个因子可以采取层次分析法、熵权法赋值。计算前各因子先在评估区域空间范围内进行归一化处理。

当用雹日计算危险性指数时，对于一个雹日有多次降雹的情况，致灾因子取一个雹日当中的最大值；当用降雹频次计算危险性指数时，各致灾因子取过程值。

3. 确定危险性等级

计算评估区域内危险性指数的平均值$\overline{VE}$，根据冰雹灾害危险性评估等级划分标准将危险性划分为 4 级，见表 3-21。绘制评估区域的冰雹灾害危险性指数和等级分区图。各地可根据实际对划分标准进行调整，也可利用自然断点法、百分位法进行等级划分。

表 3-21 冰雹灾害危险性评估等级划分标准

危险性级别	级别含义	划分原则
1 级	高危险性	$[2.5\overline{VE}, +\infty)$
2 级	中高危险性	$[1.5\overline{VE}, 2.5\overline{VE})$
3 级	中低危险性	$[\overline{VE}, 1.5\overline{VE})$
4 级	低危险性	$[0, \overline{VE})$

（三）成果

1. 图件成果

冰雹危险性等级图（空间属性为栅格；等级为 4 级；空间分辨率为标准网格；比例尺为国家级 1∶100 万，省级 1∶25 万，市县级 1∶5 万或 1∶10 万）。

2. 报告成果

冰雹灾害危险性评估报告（国家级、省级、市级、县级）。

第七节 雪 灾

一、资料清单

（一）气象观测数据

收集和整理评估区域内气象站点 1978—2020 年的逐日降水量、天气现象、风速、最低气温等资料，根据资料获取实际年限，分析处理时段可作适当调整。

（二）雪灾历史灾情数据

收集历次雪灾的灾情信息，包括雪灾导致的受灾人口、死亡人口、农作物受灾面积、农作物绝收面积、直接经济损失等（该资料由国务院普查办共享下发），并根据雪灾灾情数据共享情况，作适当地补充完善。

（三）基础地理信息数据

基础地理信息，包括最新国家、省、市、县四级面状和线状矢量数据等，国家级 1∶100 万、省级 1∶25 万、县级 1∶10 万或 1∶5 万（该资料由国务院普查办共享下发）。

二、致灾危险性因子识别

（一）基本概念

降雪年（积雪年）：以当年 7 月 1 日至次年 6 月 30 日为一个降雪或者积雪年度，如 1961 年降雪年为 1961 年 7 月 1 日至 1962 年 6 月 30 日。

降雪量：从逐日降水量和降雪天气现象数据中提取出逐日降雪资料，当某日有降雪天气现象（包括雪及雨夹雪），则认为当日降水量为降雪量。各省可根据本省雪灾实际，调整计算方法。

累积降雪量：一个降雪年内的降雪量总和。

年最大积雪深度：一个积雪年内，观测到的逐日积雪深度的最大值。

暴雪日数：一个降雪年内，日降雪量大于等于 10 mm 的降雪日数之和。

（二）致灾因子调查与识别

结合雪灾致灾危险性调查，根据评估区域特点，确定评估区域雪灾致灾危险性因子，评估雪灾致灾危险性水平。雪灾危险性评估因子，可与危险性调查因子不一致。

雪灾致灾危险性因子可选取累积降雪量、最大积雪深度和暴雪日数 3 个气象要素。不同区域也可根据评估区域特点进行调整。

开展雪灾致灾危险性全面调查，以降雪量大于等于 10 mm 的降雪过程为判识标准，计算得到历次雪灾过程的累积降雪量、最大积雪深度、积雪日数、降雪日数、最低气温、最大日降雪量和日最大风速等气候要素，填入附表 13，完成雪灾致灾危险性因子调查。

三、雪灾危险性评估

（一）雪灾危险性指数

定义一个综合雪灾危险性指数，进行雪灾危险性评估，计算公式如下：

$$S = A_1 S_1 + A_2 S_2 + A_3 S_3 \tag{3-52}$$

式中　S——雪灾致灾因子危险性指数；

S_1——归一化处理的降雪量评价指标；

S_2——归一化处理的最大积雪深度评价指标；

S_3——归一化处理的暴雪日数评价指标；

A_1——降雪量评价指标对应的权重系数；

A_2——最大积雪深度评价指标对应的权重系数；

A_3——暴雪日数评价指标对应的权重系数。

（二）归一化方法

鉴于各评价因子单位不同，为了消除各指标的量纲和数量级的差异，需要对每一个指标进行规范化处理，归一化公式如下：

$$D_i = 0.5 + 0.5 \times \frac{X_i - X_{min}}{X_{max} - X_{min}} \tag{3-53}$$

式中　D_i——第 i 个评价指标的归一化数值；

X_i——第 i 个评价指标；

X_{max}——评价指标中的最大值；

X_{min}——评价指标中的最小值。

通过该方法进行处理后的数据，其数值均介于 0~1 之间，故而使数据具有可比性。

（三）信息熵值赋权重

各指标因子完成归一化处理后，根据信息熵值赋权法确定各指标对应的权重系数，各因子权重总和应为1。信息熵值赋权法计算同式（3-37）、式（3-38）、式（3-39）。

（四）危险性等级划分

根据危险性指标值分布特征，综合考虑地形地貌、区域气候特征、流域等，可使用标准差等方法，将危险性分为4个等级，见表3-22。

表3-22 雪灾致灾危险性等级划分标准

等级值	标准
Ⅰ	$H \geq (ave+\sigma)$
Ⅱ	$(ave+0.5\sigma) \leq H \leq (ave+\sigma)$
Ⅲ	$(ave-0.5\sigma) \leq H \leq (ave+0.5\sigma)$
Ⅳ	$H < (ave-0.5\sigma)$

注：H为危险性指数，ave和σ为所有统计单元内危险性为非0值集合的平均值和标准差。

（五）危险性区划

基于雪灾危险性评估结果，对雪灾危险性进行基于空间单元的划分（4级）。

第八节 雷 电

一、概述

雷电灾害风险普查是气象防灾减灾的重要环节，是进行科学、全面、客观地雷电灾害危险性评估与风险区划的基石。根据多年的雷电防灾减灾的业务实践发现，雷电灾害危险性大小取决于致灾危险性、承灾体暴露度、自然与人为防控在孕灾环境中的时空配置格局及交互作用，因此雷电灾害风险普查主要内容包括致灾危险性普查、承灾体暴露度普查、历史雷电灾害普查和综合减灾资源普查。

根据全国自然灾害（气象灾害）风险普查实施方案要求，雷电灾害风险普查最终所需成果主要是质量可靠的数据类成果和软件系统类成果。数据类成果包括国家级、省级和（市）县级雷电定位数据；（市）县级雷暴日数据等。软件系统类成果主要是指雷电灾害风险普查系统。

二、普查内容

（一）致灾危险性因子

对雷电致灾危险性的准确诊断是客观评估雷电灾害危险性大小的基本前提，因此要高度重视对雷电致灾危险性的普查。致灾危险性普查主要是收集雷电观测资料（雷电定位资料和雷暴日数据），并对收集到的资料进行统计。具体普查要求见表 3-23。

表 3-23　雷电致灾危险性普查要求表

数据年限	①雷电定位资料的年限一般不少于 10 年；②雷暴日数应收集 1978 年以来的观测资料（气象台站在 1978 年后建站的，应收集建站以来的观测资料）
质量控制	雷电定位资料只收集与云地闪有关的要素，并对普查区域的雷电定位资料进行质量控制，雷电定位资料的质量控制方法为：剔除雷电流幅值为 0~2 kA 和 200 kA 以上的闪电回击记录
普查内容	①（市）县级行政区域代码；②（市）县级区域所在气象台站编号；③（市）县级区域雷暴日资料；④雷电定位系统类型和名称；⑤（市）县级区域的回击记录和经纬度等信息；⑥（市）县级区域回击的雷电流强度；⑦（市）县级区域的雷击点密度
信息统计	雷电观测资料的普查信息统计参见附录
注意事项	收集数字地形数据、土地利用数据、土壤电导率数据等孕灾环境信息，其中地形图应采用 1∶5 万分辨率或更高精度，一般由相关部门共享数据

（二）承灾体暴露度因子

对于一定区域与时段而言，承灾体暴露度是相对稳定的。对区域内的承灾体信息普查主要要求见表 3-24。

表 3-24　承灾体暴露度普查要求表

数据年限	人口及社会经济等资料按规定基准年份收集，如无法收集基准年份数据，应以收集与基准年份接近的最新数据代替
普查内容	①（市）县级区域名称、行政区域代码；②（市）县级区域的总人口数；③（市）县级区域的土地利用类型及面积；④ 地区 GDP；⑤（市）县级区域的油库、气库、弹药库、化学品仓库、烟花爆竹、石化等易燃易爆场所数量；⑥（市）县级区域的旅游景区数量；⑦（市）县级区域的矿区数量
注意事项	①当社会经济、人口信息等发生变化时，应及时收集或实地普查获取最新资料进行更新；②承灾体的普查根据承灾体组提供的信息进行遴选

（三）历史雷电灾害

对于一定区域与时段而言，历史雷电灾害是自然孕灾环境的重现。对区域内的历史雷电灾害普查主要要求见表 3-25。区域雷电灾害信息统计见附表 17。

表 3-25　历史雷电灾害普查要求表

数据年限	历史雷电灾害资料年限一般不少于 20 年	
普查内容	单次雷电灾害信息（逐年统计）	①受灾单位；②灾害发生时间和地点；③损失类型；④灾害等级；⑤损失信息；⑥受损行业；⑦受灾环境；⑧灾情描述和原因分析
	区域雷电灾害信息	①（市）县级区域的雷电灾害频数；②（市）县级区域内由雷击造成的人员伤亡数；③（市）县级区域内由雷击造成的经济损失；④（市）县级区域内由雷击造成的建（构）筑物受损数量；⑤（市）县级区域内由雷击造成的办公电子电器受损数量；⑥（市）县级区域内由雷击造成的家用电子电器受损数量

表 3-25（续）

注意事项	①普查区域内的历史雷电灾害信息应为各级气象主管机构认定或符合《雷电灾害调查技术规范》(QX/T 103—2017) 中 9.3.1 结论为"雷电灾害"的灾害事例，应具有详细的灾情信息；②单次雷电灾害收集对象为《雷电灾情统计规范》(QX/T 191—2013) 附录 A 中规定的"特大雷电灾害""重大雷电灾害"和"较大雷电灾害"；（注："特大雷电灾害"指的是一起雷击造成 4 人以上身亡，或有 3 人身亡但有 5 人以上受伤，或没有人员伤亡但有 10 人以上受伤，或者直接经济损失 500 万元以上的雷电灾害事故；"重大雷电灾害"指的是一起雷击造成 2~3 人以上身亡，或有 1 人身亡但有 4 人以上受伤，或没有人员伤亡但有 5~9 人以上受伤，或者直接经济损失 100 万元以上 500 万元以下的雷电灾害事故；"较大雷电灾害"指的是一起雷击造成 1 人以上身亡，或没有人身亡但有 2~4 人以上受伤，或者直接经济损失 20 万元以上 100 万元以下的雷电灾害事故。）③历史雷电灾害信息可根据历史灾害组提供的信息进行补充

（四）综合减灾资源普查

综合减灾资源是根据相关部门提供的信息进行遴选的，主要包括对政府防雷减灾资源（能力）、社会力量和企业参与资源（能力）、基层减灾资源（能力）进行普查。

1. 政府防雷减灾资源（能力）

省、市、县各级人民政府防雷减灾资源普查主要包括：

（1）旅游景区、户外大型运动等空旷场所用于防雷减灾救灾的避雷场所。

（2）雷电监测预警系统。

（3）雷电预警信息的发布途径、覆盖面。

（4）公众雷电灾害防御科普知识宣传。

2. 社会力量和企业参与资源（能力）

社会力量和企业参与资源普查主要包括：

（1）雷电灾害重点防御单位基本信息。

（2）雷电灾害重点防御单位灾害处置应急预案。

（3）雷电灾害重点防御单位应急救援能力。

（4）雷电灾害重点防御单位雷电灾害防御管理制度和管理人员。

（5）雷电灾害重点防御单位防雷措施是否完善。

3. 基层减灾资源（能力）

基层减灾资源普查主要包括：

（1）乡镇（街道）和社区应急预案、应急处置方案建设情况。

（2）乡镇（街道）预警信息获知能力、信息报送能力。

（3）乡镇（街道）防灾减灾救灾、应急救援技能知识宣传普及情况。

第九节　沙　尘　暴

一、资料收集

收集调查区域的国家级地面气象站观测沙尘暴资料，若调查区域无国家级地面气象站点数据，收集最近气象站数据作为补充。

收集调查区域内历年沙尘暴灾害过程频次以及历次沙尘暴灾害致灾因子基本情况，包括沙尘暴灾害发生起止时间、种类（如沙尘暴、强沙尘暴、特强沙尘暴、扬沙、浮尘等）、日最大风速、日极大风速、最低水平能见度、日平均环境空气质量监测数据 PM10 以及灾害发生地经度、纬度、影响范围等。

致灾因子调查内容可根据当地的实际情况作适当的筛选。

沙尘暴危险性调查主要指历史沙尘暴灾害事件调查。

二、历史沙尘暴灾害事件调查

调查历史沙尘暴灾害事件的基本信息，包括开始日期、结束日期、持续时间、影响范围；调查历史沙尘暴灾害事件的致灾因子信息，包括沙尘暴分类、日最大风速、日极大风速、最低水平能见度、环境空气质量监测数据 PM10；基于卫星遥感监测数据调查历史沙尘暴灾害事件发生时间、强度、影响范围、气溶胶光学厚度（AOD）等。

历史沙尘暴灾害事件调查内容根据当地的实际情况作适当的筛选。

三、沙尘暴的气候特征调查

调查区域内各站点的沙尘日数、沙尘暴日数、沙尘暴发生期间的最低水平能见度、最大或极大风速值。调查历史沙尘暴灾害事件的空间分布特征以及季节、年际变化特征。

四、危险性调查主要成果

危险性调查成果以表格表示。在填表时，应逐项审查调查资料的客观性、关联性和合法性，对于明确存在不符合要求的资料不予采用。当调查资料之间存在矛盾时，应采取措施加以甄别；当无法甄别时，对应资料均不采用。

第四章 风险评估与区划

第一节 台 风

一、资料收集

台风灾害风险评估所选用的致灾因子包括台风影响过程中的最大日最大风速（MW）、过程雨量（AP）、过程最大日雨量（MP），承灾体包括人口、国民经济、农业（小麦、玉米、水稻）、房屋建筑、公路交通。评估中，所需资料包括：

（1）影响台风事件信息，包括统计单元内台风所引起的气象站点逐日降水量、日最大风速资料。

（2）县域灾情信息，包括受灾人口、死亡人口、倒损房屋、农作物受灾面积、农作物绝收面积、公路损失、直接经济损失等。该资料由相关部门共享。

（3）县域承灾体信息，包括国土面积、人口数和人口结构、国民生产总值和构成、耕地面积和主要粮食作物（小麦、玉米、水稻）播种面积和产量、房屋建筑面积或间数和农村房屋建筑面积或间数、公路里程和风险点数等。该资料由国务院普查办共享下发。

（4）基础地理信息，包括境界(国界、省界、市界、县界、乡界)、地形地貌、全国土地利用分布等。该资料由国务院普查办共享下发。

二、承灾体暴露度和脆弱性评估

承灾体主要包括人口、国民经济、农业（小麦、玉米、水稻）、房屋建筑、公路交通，各承灾体暴露度和脆弱性指标信息见表 4-1，有关内容可视资料共享情况作调整。

表 4-1　承灾体暴露度和脆弱性因子

承灾体	暴露度因子 E	脆弱性因子 V	脆弱性因子权重 W
人口	人口密度	0~14 岁及 65 岁以上人口数比重	人口受灾率
国民经济	地均 GDP	第一产业产值比重	直接经济损失率
农业（小麦）	播种面积占耕地面积比重	单位面积产量	农作物受灾率
农业（玉米）	播种面积占耕地面积比重	单位面积产量	农作物受灾率
农业（水稻）	播种面积占耕地面积比重	单位面积产量	农作物受灾率
房屋建筑	地均房屋建筑面积或间数	农村房屋建筑面积或间数比重	房屋倒塌率
公路交通	地均公路里程	单位里程风险点数	公路损毁率

对非比重类因子按照式（4-1）进行无量纲化处理，得到相应承灾体的暴露度和脆弱性指标。

$$Ix=\begin{cases}\lg\dfrac{x}{a}+1 & \text{当 } x\geqslant a \text{ 时}\\[2ex] \dfrac{x}{a} & \text{当 } x<a \text{ 时}\end{cases} \tag{4-1}$$

式中　x——原值；

Ix——无量纲化处理后的指标值；

a——基本值，为所有统计单元样本平均值与 0.5 倍标准差之和。

统计脆弱性因子指标时，在台风灾情等资料较为完善的前提下可考虑脆弱性因子权重。统计区域为全国时，针对不同承灾体，不同省份分别拥有一个脆弱性因子权重，以省为单元统计受灾率，针对同一受灾率进行归一化处理（各省值除以省间最大值），其中：

$$人口受灾率=\frac{年受灾人数}{行政区人口数} \tag{4-2}$$

$$直接经济损失率=\frac{年直接经济损失}{行政区\ GDP} \tag{4-3}$$

$$农作物受灾率=\frac{年受灾面积}{农作物种植面积} \tag{4-4}$$

$$房屋倒塌率=\frac{年倒塌房屋数}{行政区建筑面积（或间数）} \tag{4-5}$$

$$公路损毁率=\frac{年公路损毁数}{公路里程数} \tag{4-6}$$

注：式（4-2）至式（4-6）中，分子取近 10 年平均值，分母可取近 5 年某一年值。

统计区域为省级时，针对不同承灾体，不同地级市分别拥有一个脆弱性因子权重，以地级市为单元统计受灾率。

最终，针对不同承灾体，统计单元内的承灾体指标 B 计算公式为

$$B=E\times(W\times V) \tag{4-7}$$

式中 E——暴露度；

V——脆弱性；

W——脆弱性权重。

三、风险评估

基于统计单元内致灾因子危险性指标 H、承灾体指标 B，统计针对各承灾体的风险指标 R，计算公式如下：

$$R=H\times B \tag{4-8}$$

针对不同承灾体，根据风险指标值分布特征，将风险分为高、较高、中、较低、低 5 个等级，见表 4-2，绘制风险分布图，其中高、

低风险等级的阈值可根据实际数据分布特征进行适当调整。

表 4-2　台风灾害风险等级划分标准

等级值	等级名称	标　准
1	高	$R \geq (ave + s)$
2	较高	$(ave + 0.5 \times s) \leq R < (ave + s)$
3	中	$(ave - 0.5 \times s) \leq R < (ave + 0.5 \times s)$
4	较低	$(ave - s) \leq R < (ave - 0.5 \times s)$
5	低	$R < (ave - s)$

注：*ave*、*s* 为所有统计单元内风险值为非 0 值集合的平均值和标准差。

基于风险普查、评估和区划成果，编制评估报告。

第二节　暴　　雨

暴雨灾害风险是由致灾因子危险性、承灾体暴露度和承灾体脆弱性共同作用的结果，如图 4-1 所示。暴雨灾害的致灾因子包括降水量要素和孕灾环境两个方面，其中降水强度和频率、孕灾环境中的地形地貌和水系等都是致灾危险性的来源，是暴雨灾害产生的先决条件；暴露度和脆弱性表示承灾体整个社会经济系统（包括人口、经济、农业等）易于遭受暴雨灾害威胁和损失的性质和状态。因而从暴雨致灾因子危险性、承灾体暴露度和承灾体脆弱性 3 个方面来构建暴雨灾害风险评估与区划模型，基于 GIS 平台绘制暴雨灾害风险区划图谱，并提出有针对性的防范措施。

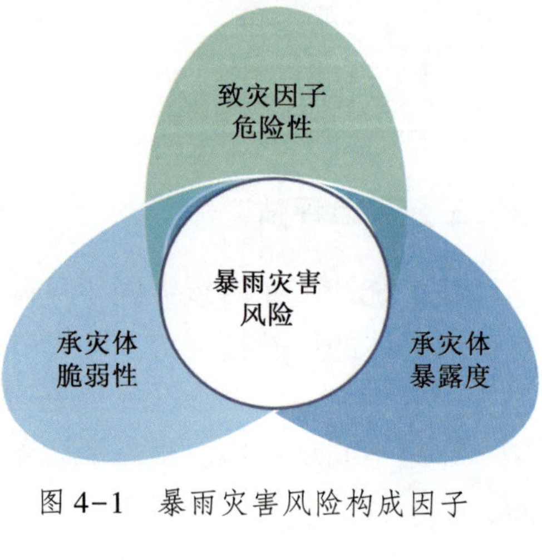

图 4-1　暴雨灾害风险构成因子

一、主要承灾体暴露度

致灾因子的危险性仅反映了暴雨可能产生的危害大小，而实际造成危害的程度还与承灾体暴露度和脆弱性有关。承灾体暴露度是指暴露在降雨影响范围内的人口、房屋、财产、农田、设施等数量和价值量。同等强度的暴雨，发生在人口密集、经济发达的地区造成的损失往往要比发生在人口稀少、经济相对落后的地区大得多，也即暴露于降雨影响范围的人口、经济、农业等数量和价值量越多，灾害风险就越大。

选取人口、经济、农业或其他特定承灾体进行暴露度分析，具体方法如下：

（1）人口暴露度：用各县常住人口表示。

（2）经济暴露度：用各县 GDP 表示。

（3）农业暴露度：用各县耕地、林地和草地类型用地面积综合而成。

为了消除各指标的量纲差异，对人口暴露度、经济暴露度、农业暴露度指标进行归一化处理，各个指标归一化计算公式为

$$ED_i = 0.5 + 0.5 \times \frac{A_i - \min_i}{\max_i - \min_i} \tag{4-9}$$

式中 ED_i——第 i 个指标的归一化值；

A_i——第 i 个指标值；

$\min_i$——第 i 个指标中的最小值；

$\max_i$——第 i 个指标中的最大值。

针对归一化后的人口、经济、农业等暴露度指标，先确定各指标的权重（可采用信息熵赋权法、主成分分析法、层次分析法、专家打分法等），再加权求和得到承灾体暴露度指数，计算公式为

$$EI = \sum_{i=1}^{n} w_i \times ED_i \tag{4-10}$$

式中 EI——承灾体暴露度指数；

w_i——指标 i 的权重；

ED_i——暴露度指标 i 的归一化值；

n——暴露度指标个数。

在 GIS 平台上，将人口、经济、农业等暴露度指标进行叠加运算得到承灾体暴露度指数，绘制出暴雨灾害承灾体暴露度分布图。

二、主要承灾体脆弱性

承灾体的脆弱性是承灾体抗击灾害能力的一种度量，即风险承载体遭受灾害打击时可能的损失程度。脆弱性水平也是影响暴雨灾害风险大小的基本因素之一，一般地，承灾体脆弱性越低，那么遭受同样强度暴雨灾害所发生的损失可能性越小，反之亦然。承灾体脆弱性高低与暴雨致灾因子和承灾体本身以及二者之间的相互作用方式都有关系。

选取人口、经济、农业或其他特定承灾体进行脆弱性分析，具体方法如下。

（1）人口脆弱性：各县老人（65 岁以上）和儿童（14 岁以下）人口占总人口比例；各县历史暴雨灾害受灾或死亡人数占总人口比例。

将上述两种脆弱性指数加权求和，得到人口脆弱性。

（2）经济脆弱性：各县多年平均暴雨灾害直接经济损失占 GDP 比例。(可考虑分行业损失与三产产值比值)

$$\text{经济脆弱性}=\frac{\text{暴雨灾害直接经济损失}}{\text{GDP}} \tag{4-11}$$

（3）农业脆弱性：各县多年农业受灾面积占耕地面积比例。

$$\text{农业脆弱性}=\frac{\text{暴雨灾害农业受灾面积}}{\text{耕地面积}} \tag{4-12}$$

为了消除各指标的量纲差异，对人口脆弱性、经济脆弱性、农业脆弱性指标进行归一化处理，各个指标归一化计算公式为

$$VD_i = 0.5 + 0.5 \times \frac{B_i - \min_i}{\max_i - \min_i} \tag{4-13}$$

式中　VD_i——第 i 个指标的归一化值；

B_i——第 i 个指标值；

$\min_i$——第 i 个指标中的最小值；

$\max_i$——第 i 个指标中的最大值。

针对归一化后的人口、经济、农业等脆弱性指标，先确定各指标的权重（可采用信息熵赋权法、主成分分析法、层次分析法、专家打分法等），再加权求和得到承灾体脆弱性指数，计算公式为

$$VI = \sum_{i=1}^{n} w_i \times VD_i \tag{4-14}$$

式中　VI——暴雨承灾体脆弱性指数；

w_i——指标 i 的权重；

VD_i——脆弱性指标 i 的归一化值；

n——暴露度指标个数。

在 GIS 平台上，将人口、经济、农业等脆弱性指标进行叠加运算得到承灾体脆弱性指数，绘制出暴雨灾害承灾体脆弱性分布图。

三、风险评估模型

根据暴雨灾害风险形成原理及评价指标体系，分别将致灾因子危险性、承灾体暴露度和承灾体脆弱性各指标进行归一化，再加权综合，建立暴雨灾害风险评估模型，模型计算公式为

$$MDRI = TI^{w_e} \times EI^{w_h} \times VI^{w_s} \tag{4-15}$$

式中　$MDRI$——暴雨灾害风险指数，用于表示暴雨灾害风险程度，其值越大，则暴雨灾害风险程度越大；

TI——暴雨致灾危险性指数；

EI——承灾体暴露度指数；

VI——承灾体脆弱性指数；

w_e——致灾危险性指数的权重；

w_h——承灾体暴露度指数的权重；

w_s——承灾体脆弱性指数的权重。

权重的大小依据各因子对暴雨灾害的影响程度大小，可根据信息熵赋权法、主成分分析法、层次分析法、专家打分法等多种方法，并结合当地实际情况讨论确定。

四、风险区划技术方法

依据风险评估结果，结合行政单元对暴雨灾害风险评估结果进行空间划分。依据暴雨灾害风险评估模型评估结果，可采用百分位数法（推荐按表 4-3 进行分级，也可根据各地实际调整阈值范围）、自然断点法或者其他分级方法，将暴雨灾害风险等级划分为Ⅰ级～Ⅴ级共 5 个等级，分别对应高、较高、中、较低、低。

表 4-3　基于百分位数法的风险等级划分表

百分位范围 R	$R \leqslant 50\%$	$50\% < R \leqslant 70\%$	$70\% < R \leqslant 85\%$	$85\% < R \leqslant 95\%$	$R > 95\%$
风险等级	5	4	3	2	1
级别含义	低	较低	中	较高	高

自然断点法，其原理是根据数据序列本身的统计规律，按要求设定等级断点的个数，使得级内方差最小同时使不同等级间方差最大的一种最优化数据分组方法，该方法是 ArcGIS 推荐的一种分级方法，也是较为常用的一种等级划分方法。自然断点法等级划分界面如图 4-2 所示。

五、风险区划制图

暴雨灾害风险区划等级分为 1、2、3、4、5 共 5 个等级，分别用红、橙、黄、蓝、绿 5 种颜色标示，级别含义和颜色 RGB 值见表 4-4，进而在 GIS 平台上进行风险区划制图，得到暴雨灾害风险区划图谱。

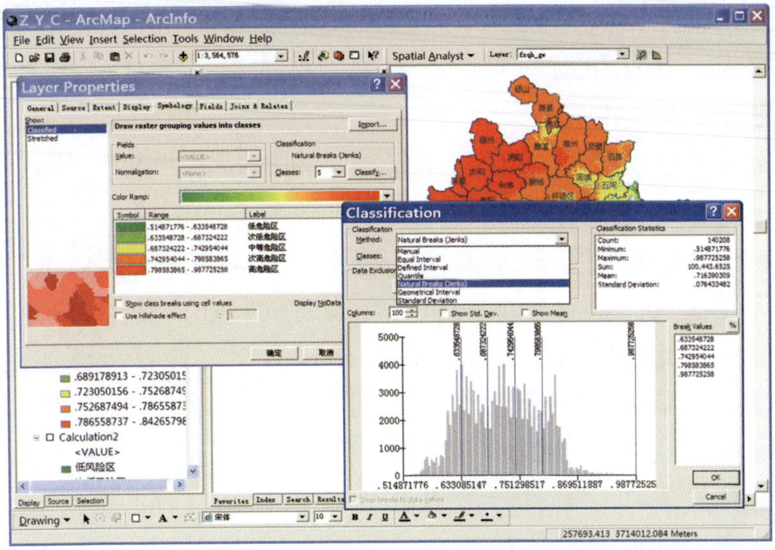

图 4-2 自然断点法等级划分界面

表 4-4 暴雨灾害风险预警等级、级别含义和颜色

风险级别	级别含义	表征颜色	颜色 RGB 值
1	高	红色	255，0，0
2	较高	橙色	255，126，0
3	中	黄色	255，250，0
4	较低	蓝色	0，102，255
5	低	绿色	0，255，0

根据暴雨灾害风险区划图谱，分别对风险高、较高、中、较低、低进行分区评述，并提出有针对性的防范措施。

六、权重系数的确定方法

主成分分析法：主成分分析也称主分量分析，旨在利用降维的思想，把多指标转化为少数几个综合指标。它是一种数学变换的方法，把给定的一组相关变量通过线性变换转成另一组不相关的变量，这些新的变量按照方差依次递减的顺序排列。在数学变换中保持变量的总方差不变，使第一变量具有最大的方差，称为第一主成分；第二变量的方差次大，并且和第一变量不相关，称为第二主成分。依次类推，1个变量就有1个主成分。

层次分析法：简称AHP，是将决策问题按总目标、各层子目标、评价准则直至具体的备投方案的顺序分解为不同的层次结构，然后用求解判断矩阵特征向量的办法，求得每一层次的各元素对上一层次某元素的优先权重，最后再加权和的方法递阶归并各备择方案对总目标的最终权重，此最终权重最大者即为最优方案。计算步骤如下：①建立层次结构模型；②构造判断（成对比较）矩阵；③层次单排序及其一致性检验；④层次总排序及其一致性检验。

专家打分法：专家打分法也称为德尔菲法（Delphi），是指通过匿名方式征询有关专家的意见，对专家意见进行统计、处理、分析和归纳，客观地综合多数专家经验与主观判断，对大量难以采用技术方法进行定量分析的因素作出合理估算，经过多轮意见征询、反馈和调整后，来确定各因子的权重系数。该方法确定的权重系数能较好地反映出实际情况下各致灾因子在灾害形成过程的作用，但存在一定的主观因素。

第三节　干　　旱

一、资料

（一）气象资料

收集与干旱形成密切相关的历史气象观测资料，包括降水量、气温、日照、风速、相对湿度、蒸发量等，以及土壤湿度、土壤参数、农作物生育期等农气相关观测资料。

（二）灾情资料

灾情资料包括干旱灾害历年（次）受灾面积、绝收面积、受灾人口、直接经济损失等数据。空间尺度为县域或乡镇，时间范围为

1978—2020年。该资料由全国气象灾害综合风险普查办统一下发。

(三) 承灾体资料

承灾体资料包括年末总人口和GDP、分年龄人口数、主要农作物（小麦、玉米、水稻等）种植面积、总产量和单产等。空间尺度为县域或乡镇，时间范围为1978—2020年。该资料由国务院普查办共享下发。根据地方情况通过共享收集获取灌溉面积、机井数量等反映防旱抗旱能力数据。

(四) 基础地理信息

基础地理信息包括境界（国界、省界、市界、县界等），地形地貌、全国土地利用分布等。该信息由国务院普查办共享下发。

二、风险评估原理

干旱灾害风险由干旱致灾因子危险性、承灾体暴露度和承灾体脆弱性构成。致灾因子危险性综合反映干旱强度和频率，是形成干旱灾害风险的前提和基础。承灾体为干旱影响对象。承灾体暴露度是可能受到干旱灾害危险因素威胁的承灾体的数量或价值量。承灾体脆弱性是由承灾体面对外界扰动的敏感性和反应能力构成，是承灾体的内在属性，反映出当承灾体受到打击时，其自身的应对、抵御和恢复能力的特性，它是承灾体抗击灾害能力的一种度量，也是灾损估算和风险评估的重要基础之一。

基于干旱灾害风险原理，干旱灾害风险 RI 由致灾因子危险性、承灾体暴露度、承灾体脆弱性构成。因此，干旱灾害风险的表达式为

$$RI = H \times E \times V \tag{4-16}$$

式中 H——致灾因子危险性；

E——承灾体暴露度；

V——承灾体脆弱性。

三、风险评估和区划技术方法

根据资料调查收集情况和统计分析效果择优选取方法：第一种方

法是基于灾损关系的风险评估方法；第二种方法是基于多指标权重综合分析的风险评估方法。

（一）基于灾损关系分析的风险评估

该方法需要有长时间序列的干旱灾情损失资料，建立致灾强度与损失的定量关系，估算可能损失。这里以 GDP 风险和人口干旱风险评估为例进行介绍。该方法思路也适用作物，指标作适当调整即可。

1. 干旱直接经济损失、受灾人口灾损脆弱性关系建立

干旱灾损指数以灾损率表示。围绕 GDP、人口等承灾体，选择相应的年度或过程干旱灾情损失指标，如干旱直接经济损失、干旱受灾人口等。结合历年经济 GDP、人口等社会经济统计资料，基于县级尺度，计算相应的灾损率。计算公式如下：

$$\text{干旱直接经济损失率}=\frac{\text{干旱直接经济损失}}{\text{区域生产总值}} \tag{4-17}$$

$$\text{干旱受灾人口率}=\frac{\text{干旱受灾人口}}{\text{区域总人口}} \tag{4-18}$$

针对不同承灾体，基于致灾因子强度与灾损率的关系，采用统计方法，建立定量关系模型：

$$Y=f(h) \tag{4-19}$$

式中 h——致灾因子强度；

Y——基于不同承灾体干旱灾情计算的灾损率。

模型需要通过拟合显著性检验。基于县级尺度开展，根据资料情况可分县、分区域建立，使用时，假设区域内该承灾体的受损率一致。

2. 干旱 GDP、人口暴露度

经济暴露度指标为区域生产总值。人口暴露度指标为区域总人口。根据资料情况可选多年平均值，如没有多年资料也可采用最近 1 年资料代替。区域生产总值使用前根据需要进行价格修订，一般应订正至最近年份，比如 2020 年等。

3. 干旱 GDP、人口风险评估指数

基于不同重现期致灾因子阈值开展风险评估，然后基于不同重现

期风险评估结果，采用权重法分别进行 GDP、人口的风险评估。

不同重现期 GDP 干旱风险评估指数=不同重现期致灾因子阈值×该阈值下期望直接经济损失率×区域生产总值

不同重现期人口干旱风险评估指数=不同重现期致灾因子阈值×该阈值下期望受灾人口率×区域总人口数

GDP、人口干旱风险评估指数：

$$RI=\sum_{i=1}^{n} w_i R_i \tag{4-20}$$

式中 RI——GDP 或人口干旱风险评估指数；

R_i——不同重现期的 GDP 或人口干旱风险评估指数标准化值；

w_i——权重，采用信息熵赋权法等方法确定。

4. 风险评估等级划分

基于风险评估指数，根据研究范围，按照距标准差的倍数进行分析，计算公式为

$$\alpha=\frac{x_i-\bar{x}}{\delta} \tag{4-21}$$

式中 α——倍数；

x_i——单点的风险评估指数值；

$\bar{x}$——风险评估指数值的区域平均值；

δ——标准差。

风险评估等级划分标准见表 4-5。分为 5 级，低、较低、中、较高、高风险等级。等级划分标准参考本规范提供的方法，可根据各级分析的实际情况调整确定，符合实际情况为准。

表 4-5 风险评估等级划分标准

等级	5	4	3	2	1
风险性	低风险	较低风险	中风险	较高风险	高风险
风险评估指数	$\alpha \leqslant -2$	$-2<\alpha \leqslant -1$	$-1<\alpha \leqslant 1$	$1<\alpha \leqslant 2$	$2<\alpha$
颜色设置	绿色	蓝色	黄色	橙色	红色

如受资料限制，导致方法一不能实现，可选用方法二。

（二）多指标权重综合分析的风险评估

基于危险性指标，选择代表不同承灾体暴露度和承灾体脆弱性的指标，采用多指标权重综合分析的方法，分别开展 GDP、人口、小麦、玉米、水稻干旱风险评估。

1. 干旱危险性指数计算

经济、人口干旱危险性指数参见干旱危险性评估中的方法。

针对不同农作物，如小麦、玉米、水稻等主要作物，开展危险性指数评价。危险性指标 X_i 推荐各生育期时段的作物水分亏缺距平指数或降水负距平百分率以及干旱发生频率。其中权重分析方法，可根据各生育期干旱对减产率的贡献大小相关分析方法、专家打分方法、信息熵赋权法确定。上述指标计算参见相关农业干旱行业标准以及《玉米干旱灾害风险评价方法》（QX/T 383—2017）玉米干旱灾害风险评价。

2. 干旱灾害暴露度指数

采用区域范围内人口密度、地均 GDP、农作物（小麦、玉米、水稻）种植面积比例等作为评价指标来表征人口、经济、农作物等承灾体暴露度，以式（4-22）表示：

$$E=\frac{S_m}{S}\times 100\% \tag{4-22}$$

式中　S_m——某区域内承灾体数量；

S——某区域内承灾体总面积；

m——第 m 个区域。

注：小麦、玉米、水稻的 S_m、S 指标为区域多年平均种植面积和播种总面积，公顷；人口、经济的 S_m、S 指标为区域多年平均人口、GDP 和区域总面积。

3. 干旱脆弱性指数

人口和经济干旱脆弱性以灾损率表示。

小麦、玉米、水稻作物的干旱脆弱性：

$$V=\sum_{i=1}^{n} X_{vi} w_{vi} \tag{4-23}$$

式中 V——干旱脆弱性指数；

X_{vi}——脆弱性指标的标准化值；

w_{vi}——脆弱性指标的权重；

i——脆弱性的第 i 个指标，主要包括易旱面积比和作物产量气候波动指数；

n——脆弱性指标的个数。

确定 i 指标的具体方法参见《玉米干旱灾害风险评价方法》(QX/T 383—2017）中干旱脆弱性指数。权重采用信息熵赋权法确定。也可直接采用作物受灾面积与播种总面积的比作为脆弱性指标。

4. 干旱防灾减灾能力指数

风险表达也可考虑干旱防灾减灾能力 RI，以式（4-24）表示：

$$\mathrm{RI}=\frac{H\times E\times V}{1+R} \tag{4-24}$$

其中 R 指数确定如下：

$$R=\sum_{i=1}^{n} X_{ri} w_{ri} \tag{4-25}$$

式中 X_{ri}——防灾减灾能力指标的标准化值；

w_{ri}——防灾减灾能力指标的权重；

i——第 i 个指标；

n——防灾减灾能力指标的个数。

权重采用信息熵赋权法确定。

针对人口和经济，干旱防灾减灾能力根据可获取资料情况，选择水域面积比例、水利设施面积比例、水库库容等指标。

针对小麦、玉米、水稻作物主要包括有效灌溉率和机电井数量等，详见《玉米干旱灾害风险评价方法》(QX/T 383—2017)。

如果收集不到相关资料，此项暂不考虑。

5. 权重确定方法

指标权重可采用式（4-26）方法计算，综合考虑主、客观方法：

$$w_j = \frac{\sqrt{w_{1j} \times w_{2j}}}{\sum \sqrt{w_{1j} \times w_{2j}}} \tag{4-26}$$

式中　w_j——指标 j 的综合权重；

w_{1j}——指标 j 的主观权重，采用层次分析法获取；

w_{2j}——指标 j 的客观权重，采用信息熵赋权法计算。

参见《玉米干旱灾害风险评价方法》(QX/T 383—2017)。

四、风险评估和区划成果

（一）干旱灾害小麦、玉米、水稻风险评估（根据各地作物实际种植情况提供）

（1）国家级干旱灾害小麦、玉米、水稻风险评估图。

（2）省级干旱灾害小麦、玉米、水稻风险评估图。

（3）市及县级干旱灾害小麦、玉米、水稻风险评估图。

制图要求为空间属性：矢量。时间分辨率：年。空间分辨率：县级行政单元。属性指标：风险等级值，风险等级为 5 个等级。比例尺：全国 1∶100 万；省级 1∶25 万；市县级 1∶10 万或 1∶5 万。单位：标准化值，无量纲。

（二）干旱灾害 GDP 风险评估

（1）国家级干旱灾害 GDP 风险评估图。

（2）省级干旱灾害 GDP 风险评估图。

（3）市及县级干旱灾害 GDP 风险评估图。

制图要求为空间属性：矢量。时间分辨率：年。空间分辨率：县级行政单元。属性指标：风险等级值，风险等级为 5 个等级。比例尺：全国 1∶100 万；省级 1∶25 万；市县级 1∶10 万或 1∶5 万。单位：标准化值，无量纲。

（三）干旱灾害人口风险评估

（1）国家级干旱灾害人口风险评估图。

（2）省级干旱灾害人口风险评估图。

（3）市及县级干旱灾害人口风险评估图。

制图要求为空间属性：矢量。时间分辨率：年。空间分辨率：县级行政单元。属性指标：风险等级值，风险等级为5个等级。比例尺：全国1∶100万；省级1∶25万；市县级1∶10万或1∶5万。单位：标准化值，无量纲。

（四）风险分区图

根据作物、GDP、人口风险评估，制作相应的风险分区图。

制图要求为空间属性：栅格，标准网格。时间分辨率：年。空间分辨率：县级行政单元。属性指标：风险等级值，风险等级为5个等级。比例尺：全国1∶100万；省级1∶25万；市县级1∶10万或1∶5万。单位：标准化值，无量纲。

（五）技术报告

各级完成干旱风险评估和风险区划报告，包括方法，危险性、暴露度、脆弱性分析，风险评估及区划等内容。

第四节 高　　温

一、资料

（一）基础地理信息资料

获取评估区域的基础地理信息资料，例如行政区划图（至少精确到乡镇边界）、河网水系图、地形图、地质图、土地利用图等，其中地形图应采用1∶5万分辨率或更高精度。

（二）社会经济资料

通过普查或与其他部门资料共享等方式，获取评估区域的人口和社会经济基本情况，例如土地面积、耕地面积、城镇人口数、乡村人口数、常住人口数、65岁及以上人口数、14岁及以下人口数、地区生产总值、工业总产值、农业总产值、居民可支配收入等。填写附表21（人口和社会经济基本情况）。

（三）历史灾情信息

通过普查或与其他部门资料共享等方式，获取历次高温灾害损失情况和历年高温灾害损失情况，例如针对历次高温灾害，收集高温灾害影响信息、农业受灾情况、人员受灾情况、基础设施受灾情况、直接经济损失等；收集历年高温灾害的受灾次数、受灾人口、农业受灾面积、农业受灾损失、供水、供电等基础设施损失、总直接经济损失等。填写附表 22（高温灾害历次灾情损失调查表）和附表 23（历年高温灾害损失调查汇总表）。

二、理论基础

（一）概述

从灾害成灾机理的角度，形成高温灾害必须具备以下条件：①诱发高温灾害的致灾因子，例如极端高温；②形成高温灾害的孕灾环境，包括地形地貌、水系分布、植被覆盖等因子，孕灾环境对于致灾因子的危险性具有放大或缩小的作用；③致灾因子的作用对象即承灾体，包括人口、经济、基础设施等要素，其数量和在孕灾环境中的空间分布决定了承灾体在致灾因子作用下的暴露度大小，而其脆弱性程度又决定着致灾因子对承灾体造成破坏的程度；④致灾因子与承灾体的相互作用。

（二）评估指标体系与流程

基于上述气象灾害成灾机理高温灾害风险是致灾因子危险性、承灾体暴露性以及承灾体脆弱性等因素综合作用的结果。因此，将高温灾害风险的相关指标按致灾因子危险性、承灾体暴露性和承灾体脆弱性 3 个评估维度进行梳理归类，高温灾害风险评估与区划的指标体系和技术路线如图 4-3 所示，大致流程为：

基于前期调查和分析结果，采用层次分析法构建高温灾害风险区划研究的指标体系，评估不同重现期条件下主要承灾体的高温灾害风险水平。将高温灾害风险作为顶层；将致灾因子危险性、承灾体暴露性和承灾体脆弱性作为中层；将危险性、暴露性、脆弱性相关的多项关键指标作为底层。其中，危险性的评价指标可为极端最高温度、平均最高温度、持续时间等；暴露性的评价指标可为人口密度、GDP密度、耕地面积等；脆弱性的评价指标可为14岁以下及65岁以上人口数比例、人均GDP、单位面积农业产值、人均园林绿地面积比例等。

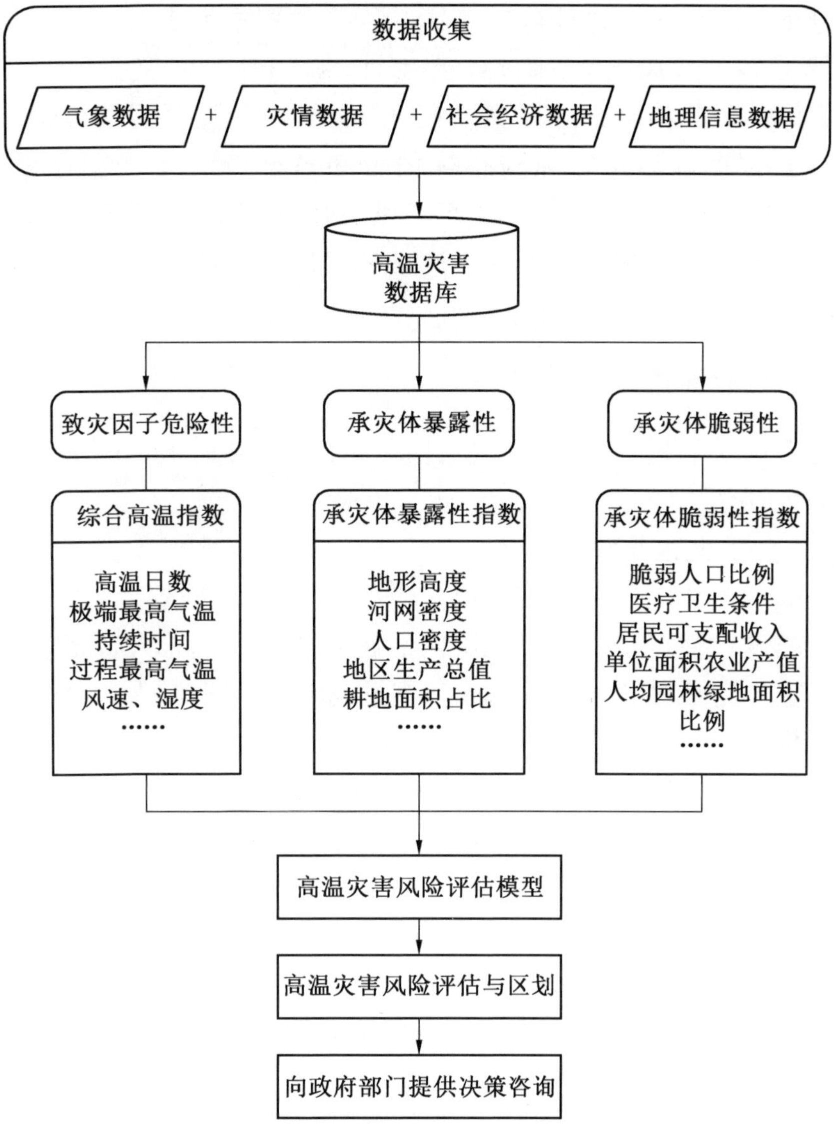

图4-3　高温灾害风险评估与区划指标体系及技术流程

(1) 为了消除各指标的量纲差异，对各项底层指标进行归一化处理。

(2) 采用层次分析法和专家打分法对上述各项底层指标赋予权重，即通过邀请专家打分、再对各层次不同因素进行两两比较，采用定性与定量相结合的方式实现分析，并通过一致性检验，判断各因子权重分配是否合理，进而确定各影响因子的权重大小。

(3) 基于“风险=危险性×暴露性×脆弱性”定义，形成面向不同承灾体的风险指标，计算高温灾害风险，开展定量风险评估。

(4) 根据高温灾害风险指标值分布特征，定义风险等级区间，使用自然断点分级法，将高温灾害风险按 5 级分区划分，即高风险区、次高风险区、中等风险区、次低风险区和低风险区，并绘制风险分布图，完成高温灾害风险区划。

三、风险评估与区划

除了前文的致灾因子危险性评估，还需要针对承灾体进行暴露性和脆弱性评估。

(一) 承灾体暴露度评估

暴露度评估工作视承灾体组提供的信息项作遴选后开展。

暴露度评估可采用评估范围内的各县或各乡镇总人口密度、地区生产总值、耕地面积占土地比重等经过标准化处理作为高温暴露度的评价指标。

以评估范围内各县或各乡镇承灾体数量或种植面积与各县或各乡镇总面积之比作为承灾体暴露度指标为例，暴露度指数计算方法如下：

$$I_{VS}=\frac{S_E}{S} \tag{4-27}$$

式中 I_{VS}——承灾体暴露度指标；

S_E——区域内承灾体数量或种植面积；

S——区域总面积或耕地面积。

参照《农业气象灾害风险区划技术导则》参照（QX/T 527—2019）。

对评价指标进行归一化处理，得到不同承灾体的暴露度指数。暴露度评估可根据承灾体数据调整。暴露度空间分布制作如图 4-4 所示。

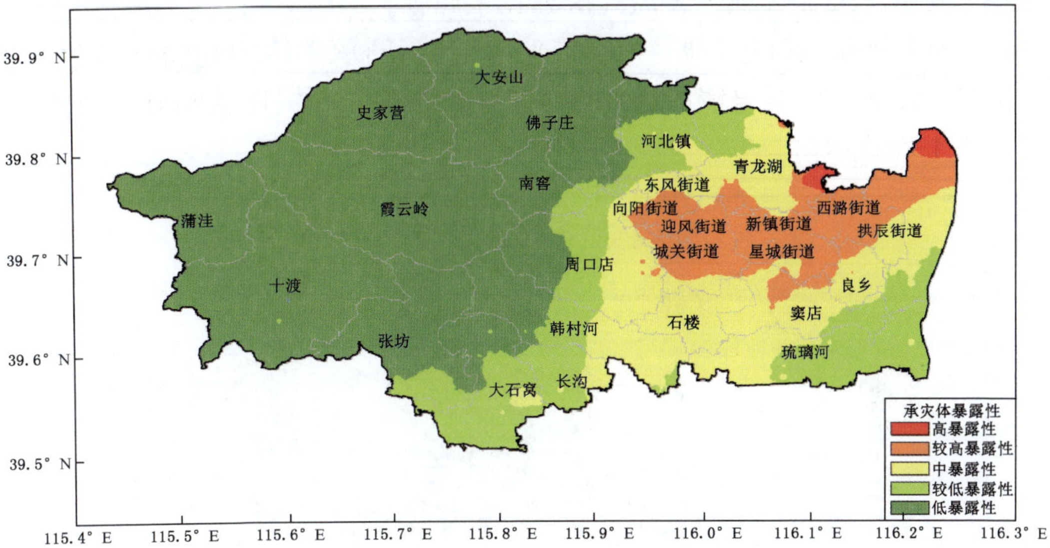

图 4-4　北京市房山区高温承灾体暴露性空间分布图

（二）承灾体脆弱性评估

脆弱性评估工作视灾情组提供的信息项作遴选后开展。

高温灾害脆弱性评估可采用评估范围内各县或各乡镇受灾人口、直接经济损失、农业受灾面积比例、14 岁以下及 65 岁以上人口数比例等数据标准化后作为高温脆弱性评价指标。

以区划范围内各县或各乡镇受灾人口、直接经济损失、主要农作物受灾面积与各县或各乡镇总人口、国内生产总值、农作物总种植面积之比作为脆弱性指标为例，脆弱性指数计算方法如下：

$$V_i = \frac{S_v}{S} \tag{4-28}$$

式中　V_i——第 i 类承灾体脆弱性指数；

S_v——各县或各乡镇第 i 类承灾体受灾人口、直接经济损失或受灾面积；

S——各县或各乡镇总人口、国内生产总值或农作物种植总面积。

参照《农业气象灾害风险区划技术导则》(QX/T 527—2019)。

对各评价指标进行归一化处理，得到不同承灾体的脆弱性指数。脆弱性评估可根据灾情信息处理结果作出调整。脆弱性空间分布制作如图 4-5 所示。

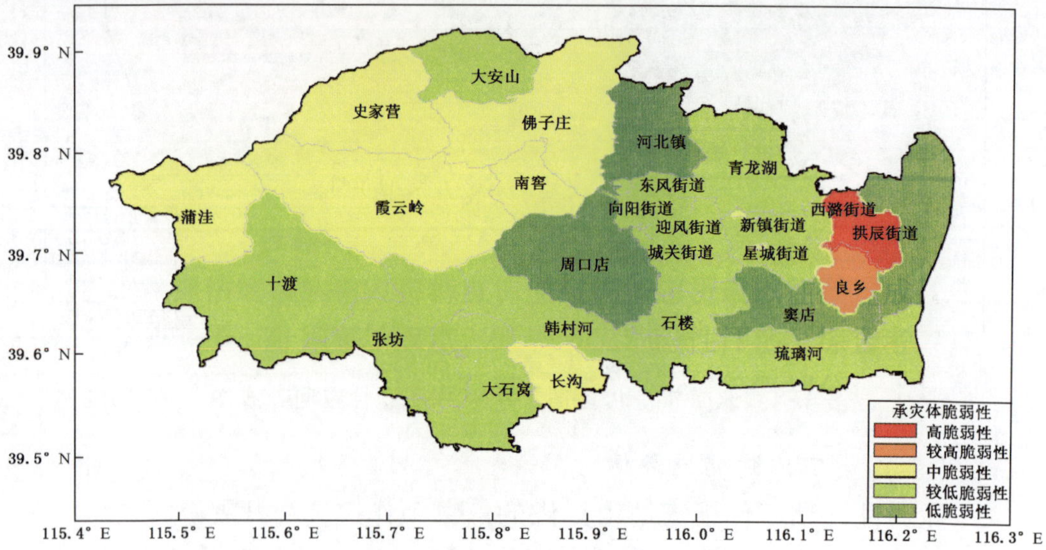

图 4-5　北京市房山区高温承灾体脆弱性空间分布图

（三）风险评估

根据高温灾害的成灾特征和风险评估的目的、用途，推荐选择加权求积评估模型，权重确定方法采用熵权法。

加权求积评估模型如下：

$$I_{\mathrm{HRI}}=I_{\mathrm{VH}}\times I_{\mathrm{VS}}\times I_{\mathrm{VE}} \tag{4-29}$$

式中　I_{HRI}——特定承灾体高温灾害风险评价指数；

I_{VH}——致灾因子危险性指数；

I_{VS}——承灾体暴露度指数；

I_{VE}——脆弱性指数。

（四）风险区划

依据风险评估结果，结合行政单元对风险评估结果进行空间划分。依据风险评估模型评估结果，根据高温灾害风险指标值分布特征，定义风险等级区间，可使用标准差等方法，将高温灾害风险按5级分区划分。风险区划制作如图4-6所示。

标准差方法具体分级标准如下：

1级：风险值<平均值-1σ；

2级：平均值$-1\sigma \leqslant$风险值<平均值-0.5σ；

3级：平均值$-0.5\sigma \leqslant$风险值<平均值$+0.5\sigma$；

4级：平均值$+0.5\sigma \leqslant$风险值<平均值$+1\sigma$；

5级：风险值$\geqslant$平均值$+1\sigma$。

其中，风险值为风险评估结果指标值，平均值为区域内非0风险指标值均值，σ为区域内非0风险值标准差。

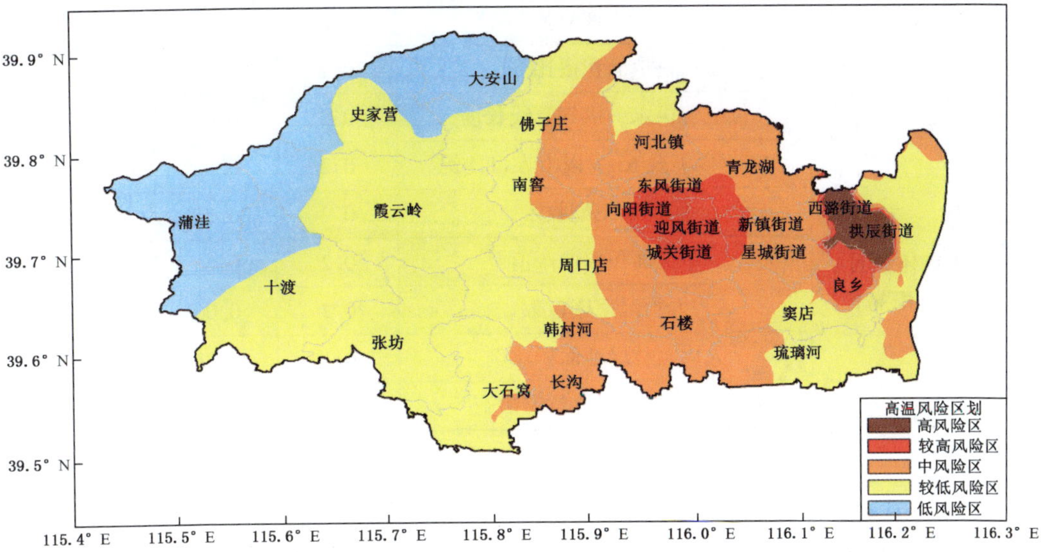

图4-6 房山区高温灾害风险区划图

（五）区划指标及分区权重

由于高温灾害具有明显的区域特征，也就是对不同区域来说，高温过程的判别标准、致灾因子阈值、高温灾害相关评估指标的选择及其权重等都会存在较大差异，因此，这里给出了不同区域高温灾害评估指标及其权重的参考表，见表 4-6 至表 4-8，供业务人员参考，并可结合评估区域的实际情况进行适当调整。

表 4-6　华北区域高温灾害评估指标及其权重参考表

类别（权重）	评估指标	分级权重	总体权重	指标性质
致灾因子危险性（0.40）	极端最高气温	0.4	0.16	+
	平均最高气温	0.3	0.12	+
	35 ℃以上高温日数	0.1	0.04	+
	38 ℃以上高温日数	0.2	0.08	+
承灾体暴露性（0.30）	DEM	0.1	0.03	−
	河网密度	0.1	0.03	−
	人口密度	0.2	0.06	+
	地区生产总值	0.2	0.06	+
	耕地面积占比	0.2	0.06	+
	供电、供水、供气管线长度	0.2	0.06	+
承灾体脆弱性（0.30）	14 岁以下及 65 岁以上人口比例	0.2	0.06	+
	居民可支配收入	0.2	0.06	−
	单位面积农业产值	0.2	0.06	+
	人均医疗床位数	0.2	0.06	−
	人均园林绿地面积比例	0.1	0.03	−
	监测预警、应急救灾措施	0.1	0.03	−

表 4-7　华中区域高温灾害评估指标及其权重参考表

类别（权重）	评估指标	分级权重	总体权重	指标性质
致灾因子危险性（0.50）	高温过程日数	0.5	0.25	+
	极端最高气温	0.2	0.10	+
	持续时间	0.3	0.15	+

表 4-7（续）

类别（权重）	评估指标	分级权重	总体权重	指标性质
承灾体暴露性（0.20）	人口密度	0.4	0.08	+
	地区生产总值	0.2	0.04	+
	耕地面积占比	0.4	0.08	+
承灾体脆弱性（0.30）	居民可支配收入	0.4	0.12	−
	单位面积农业产值	0.4	0.12	+
	人均医疗床位数	0.2	0.06	−

表 4-8　华东区域高温灾害评估指标及其权重参考表

类别（权重）	评估指标	分级权重	总体权重	指标性质
致灾因子危险性（0.40）	35 ℃以上高温日数	0.125	0.05	+
	38 ℃以上高温日数	0.125	0.05	+
	极端最高气温	0.25	0.10	+
	出现高温站点比例	0.25	0.10	+
	过程持续日数	0.125	0.05	+
	过程平均最高气温	0.125	0.05	+
承灾体暴露性（0.30）	DEM	0.233	0.07	−
	地形起伏度	0.167	0.05	−
	植被覆盖度	0.167	0.05	−
	河网密度	0.1	0.03	−
	人口密度	0.1	0.03	+
	地均 GDP	0.067	0.02	+
	农业总产值	0.1	0.03	+
	供电、供水、供气管线长度	0.066	0.02	+
承灾体脆弱性（0.30）	14 岁以下及 65 岁以上人口比例	0.1	0.03	+
	户外从业（工地、农田）人员比例	0.167	0.05	+
	60 岁以上独居人口比例	0.067	0.02	+
	道路密度	0.033	0.01	−

表 4-8（续）

类别（权重）	评估指标	分级权重	总体权重	指标性质
承灾体脆弱性（0.30）	基础设施投入	0.067	0.02	–
	人均可支配收入	0.167	0.05	–
	每百户空调拥有量	0.133	0.04	–
	监测预警、应急救灾措施	0.1	0.03	–
	人均医疗床位数	0.067	0.02	–
	人均卫生技术人员数	0.066	0.02	–
	人均园林绿地面积	0.033	0.01	–

第五节　低　　温

一、承灾体暴露度和脆弱性评估

低温灾害风险评估涉及承灾体包括人口、经济、农业（小麦、玉米、水稻）。

（一）暴露度评估

针对以上承灾体，暴露度评估可采用区域范围内人口密度、地均GDP、农作物（小麦、玉米、水稻）种植面积比例等作为评价指标来表征人口、经济、农作物等承灾体暴露度（暴露度评估指标亦可选取其他指标）。

以区域范围内承灾体数量或种植面积与总面积之比作为承灾体暴露度指标为例，暴露度指数计算方法如下：

$$I_{VS}=\frac{S_E}{S} \tag{4-30}$$

式中　I_{VS}——承灾体暴露度指标；

S_E——区域内承灾体数量或种植面积；

S——区域总面积或耕地面积。

参照《农业气象灾害风险区划技术导则》(QX/T 527—2019)。

对各评价指标进行归一化处理，得到不同承灾体的暴露度指数。

（二）脆弱性评估

脆弱性评估可采用区域范围内低温灾害受灾人口、直接经济损失、受灾面积、灾损率等作为评价敏感性的指标来表征脆弱性（脆弱性评估指标亦可选取其他指标）。

以区域范围内受灾人口、直接经济损失、主要农作物受灾面积与总人口、国内生产总值、农作物总种植面积之比作为脆弱性指标为例，脆弱性指数计算方法如下：

$$V_i = \frac{S_v}{S} \tag{4-31}$$

式中 V_i——第 i 类承灾体脆弱性指数；

S_v——各县或各乡镇第 i 类承灾体受灾人口、直接经济损失或受灾面积；

S——各县或各乡镇总人口、国内生产总值或农作物种植总面积。

对各评价指标进行归一化处理，得到不同承灾体的脆弱性指数。

二、风险评估和区划

由于低温灾害涉及冷空气（寒潮）、霜冻、低温阴雨（寡照）、冰冻灾害等灾害类型，各省需根据本省实际情况选择不同种类低温灾害，结合对不同承灾体暴露度和脆弱性评估结果，基于低温灾害风险评估模型，分别对各类低温灾害开展风险评估工作，同时基于第三章第五节计算的考虑各类型低温灾害的危险性指数，对低温灾害整体开展风险评估工作。低温灾害风险评估模型如下：

$$R = H \times E \times V \tag{4-32}$$

式中 R——特定承灾体低温灾害风险评价指数；

H——致灾因子危险性指数；

E——承灾体暴露度指数；

V——脆弱性指数。

依据风险评估结果，针对不同承灾体，使用标准差方法（或其他分级方法），定义风险等级区间，可将低温灾害风险按 5 级分区划分。风险等级划分标准见表 4-9。

表 4-9　低温灾害风险区划等级

等级值	等级名称	标准
Ⅰ	高	$R \geqslant (ave+\sigma)$
Ⅱ	较高	$(ave+0.5\sigma) \leqslant R < (ave+\sigma)$
Ⅲ	中	$(ave-0.5\sigma) \leqslant R < (ave+0.5\sigma)$
Ⅳ	较低	$(ave-\sigma) \leqslant R < (ave-0.5\sigma)$
Ⅴ	低	$R < (ave-\sigma)$

其中，R 为风险评价指数，ave 为区域内非 0 风险指标值均值，σ 为区域内非 0 风险值标准差。各省可根据区域实际数据分布特征，对上述分级标准进行适当调整。

根据风险评估结果，综合考虑地形地貌、区域性特征等，对低温灾害风险进行分区。

三、实施意见

上述方案适用于国家级和省级开展低温灾害风险评估，省级以下可以根据区域灾害发生的特点、业务需求，以及资料收集情况，参考本技术方案，对致灾因子、权重设定和等级划分方法进行细化处理，开展相关风险评估工作。

四、成果清单与规格

基于不同统计区域对应的统计单元结果，提交产品清单与规格，见表 4-10。

表 4-10 低温灾害风险评估产品清单与规格

产品名称	空间属性	属性指标
低温灾害危险性评估图	矢量	危险性指数、等级值
低温灾害危险性区划图	栅格	危险性指数、等级值
低温灾害风险区划图（人口）	矢量/栅格	风险等级值
低温灾害风险图（GDP）	矢量/栅格	风险等级值
低温灾害风险区划图（小麦）	栅格	风险等级值
低温灾害风险图（玉米）	栅格	风险等级值
低温灾害风险图（水稻）	栅格	风险等级值
低温灾害风险分区图	栅格	风险等级值

第六节 风　　雹

一、大风

大风的风险评估采用层次分析法建立大风风险评估指标体系。从致灾因子、孕灾环境、承灾体 3 个方面考虑，最终以风险指数来划分风险等级，给出风险区划结果。即风险=致灾因子危险性×孕灾环境敏感性×承灾体易损性（暴露性和脆弱性）。

（一）孕灾环境敏感性分析

地形海拔高度与大风的关系密切，一般来说，风速随高度增加而递增，且高海拔地区遮挡物更少。因此绝对高程越高的地方，大风危险性越大。

大风灾害与土地覆盖类型相关，一般来说，成群的林木对大风有防范作用。森林覆盖度越高，大风致灾作用越弱。

因此，孕灾环境敏感性指标建议综合考虑地形高程和植被覆盖率，大风灾害在地形较高，植被覆盖度较低的地方发生的危险性较高，即：

敏感性=高程权重×高程+植被覆盖度权重×植被覆盖度倒数 (4-33)

各省综合考虑各影响因子对调查区域孕灾环境的不同贡献程度，运用层次分析法设置相应的权重。

（二）承灾体信息处理

大风的承灾体主要包括人员、经济和农作物3大类，其中农作物包括玉米、小麦和水稻3种。

大风的主要承灾体之一是人员，大风及其次生灾害轻则刮倒广告牌等物品砸伤人群，重则推倒房屋、掀翻汽车等致人死亡。人口暴露度因子可选择人口密度的分布进行衡量。

大风破坏建筑，阻碍交通，对经济因素的影响也很大。经济暴露度因子可选择地均GDP进行衡量，利用地均GDP代表大风灾害对调查区域造成经济损失的易损程度。

大风对农作物的影响可使用农作物用地密度作为农作物暴露度因子。

分别开展大风对不同承灾体的影响的风险评估。各省在选择承灾体指标时除了人口、经济和农作物3类是必做项外，可根据其他部门提供的承灾体信息以及地区特色选择其他承灾体进行评估。

（三）大风对不同承灾体影响的风险评估

大风对不同承灾体的影响风险评估方程为

$$R_i = H^{w_{\mathrm{H}}} \times S^{w_{\mathrm{S}}} \times V_i^{\;w_{V_i}} \tag{4-34}$$

式中 R_i——大风灾害对 i 类承灾体影响的风险度；

H——大风危险性；

S——孕灾环境敏感性；

V_i——第 i 类承灾体的易损度，包括承灾体的暴露度 E 和脆弱性 V；

w_{H}——大风危险性的权重；

w_{S}——孕灾环境敏感性的权重；

w_{V_i}——承灾体易损度的权重。

对各指标进行归一化处理后，考虑各个因子的贡献程度，运用层次分析法设置相应权重。注意计算时，因为各指标是归一化处理后的，进行权重相乘需要对每个指标扩大10倍后加权相乘。若无承灾体的脆弱性数据，则承灾体易损度可直接使用暴露度表示。

（四）风险区划

依据风险评估结果，针对不同承灾体，选择不同承灾体的风险指数作为风险区划指标。可根据规范中的风险指标平均值倍数进行等级划分，也可根据各级实际情况调整或者选择其他分级方法（如百分位数法、自然断点法等）。风险评估等级划分为5级，1级为高风险，2级为较高风险，3级为中风险，4级为较低风险，5级为低风险。

二、冰雹

结合冰雹灾害危险性评估结果，根据人口、经济、农作物（小麦、玉米、水稻）等主要承灾体暴露度特征，以及结合灾情得到的脆弱性指标，基于冰雹灾害风险评估模型，对冰雹灾害开展风险评估。依据风险评估结果，按照行政空间单元对风险评估结果进行空间划分。

（一）数据收集

收集外部门提供的承灾体、基础地理、社会经济现状和社会发展规划等相关资料，国家级和省级以县为单元，省级以下最小工作单元根据各地实际情况确定。

承灾体数据：获取其他部门提供的人口、经济、农业（玉米、水稻、小麦）等承灾体数据，包括评估区域面积、农作物面积、人口数量、人口密度、国民生产总值等，各地可根据实际情况增加其他承灾体信息。风险评估时根据承灾体调查组提供的数据进行遴选。

基础地理信息图和专业专题图：获取其他部门提供的评估区域行政区划图、人口、经济、农业等信息分布图，图件分辨率要求为全国1∶100万、省级1∶25万、市县级1∶5万或1∶10万。

（二）孕灾环境敏感性分析

可以选择海拔高度作为孕灾环境敏感性指数 VH，也可以根据当地的实际情况和承灾体调查组提供的数据选择适合的影响因子构建孕灾环境敏感性指数。

$$VH = w_{\mathrm{VH}_1} \times X_{\mathrm{VH}_1} + \cdots + w_{\mathrm{VH}_n} \times X_{\mathrm{VH}_n} \quad (4-35)$$

式中 VH——孕灾环境敏感性指数；

X_{VH}——孕灾环境影响因子；

w_{VH}——孕灾环境影响因子权重。

采用专家打分法或熵权法确定权重，各地也可根据当地海拔高度与冰雹日数（或降雹频次）的关系，将海拔高度划分为不同的等级，对每个等级进行 0~1 的赋值来表征孕灾环境敏感性指数 VH。

（三）不同承灾体风险评估

以加权求积的方法对不同承灾体进行风险评估：

$$V = VE^{w_{\mathrm{E}}} \times VH^{w_{\mathrm{H}}} \times VS^{w_{\mathrm{S}}} \quad (4-36)$$

$$VS = VD \times VF \quad (4-37)$$

式中 VS——承灾体易损性，包括暴露度 VD 和脆弱性 VF；

w_{E}——致灾危险性指数的权重；

w_{H}——承灾体暴露度指数的权重；

w_{S}——承灾体脆弱性指数的权重。

计算前各因子进行归一化处理，利用熵权法、专家打分法等确定权重。

以经济为承灾体进行风险评估时，以地均 GDP 表征暴露度，冰雹灾害直接经济损失占 GDP 的比重表征脆弱性；以人口为承灾体进行风险评估时，以人口密度表征暴露度，冰雹灾害造成人员伤亡数占人口比重表征脆弱性；以农业为承灾体进行风险评估时，以小麦、玉米、水稻等农作物播种面积表征暴露度，以农业受灾面积占播种面积比重表征脆弱性。当无法获取冰雹造成的直接经济损失、人员伤亡、农作物受灾面积等数据时，则直接用承灾体暴露度表征其易损性。

（四）风险等级划分

计算评估区域内冰雹风险指数的平均值 $\overline{V}$，冰雹灾害风险评估等级划分标准见表 4-11，将冰雹灾害风险划分为 5 个等级，绘制评估区域的冰雹灾害风险等级分区图。各地可根据实际对划分标准进行调整，也可利用自然断点法、百分位法进行等级划分。

表 4-11 冰雹灾害风险评估等级划分标准

风险级别	级别含义	划分原则
1 级	高风险	$[2.5\bar{V}, +\infty)$
2 级	中高风险	$[1.5\bar{V}, 2.5\bar{V})$
3 级	中等风险	$[\bar{V}, 1.5\bar{V})$
4 级	中低风险	$[0.5\bar{V}, \bar{V})$
5 级	低风险	$[0, 0.5\bar{V})$

（五）成果

1. 图件成果

比例尺：国家级 1∶100 万，省级 1∶25 万，市级 1∶10 万，县级 1∶5 万。

（1）冰雹灾害 GDP 风险评估图（数据格式为矢量，等级为 5 级，空间分辨率为县级行政单元）。

（2）冰雹灾害 GDP 风险区划图（数据格式为栅格，等级为 5 级，空间分辨率为标准网格）。

（3）冰雹灾害人口风险评估图（数据格式为矢量，等级为 5 级，空间分辨率为县级行政单元）。

（4）冰雹灾害人口风险区划图（数据格式为栅格，等级为 5 级，空间分辨率为标准网格）。

（5）冰雹灾害小麦风险评估图（数据格式为矢量，等级为 5 级，空间分辨率为县级行政单元）。

（6）冰雹灾害小麦风险区划图（数据格式为栅格，等级为 5 级，空间分辨率为标准网格）。

（7）冰雹灾害玉米风险评估图（数据格式为矢量，等级为 5 级，空间分辨率为县级行政单元）。

（8）冰雹灾害玉米风险区划图（数据格式为栅格，等级为 5 级，空间分辨率为标准网格)。

(9) 冰雹灾害水稻风险评估图(数据格式为矢量，等级为5级，空间分辨率为县级行政单元)。

(10) 冰雹灾害水稻风险区划图(数据格式为栅格，等级为5级，空间分辨率为标准网格)。

2. 报告成果

冰雹灾害风险评估报告(国家级、省级、市级、县级)。

第七节 雪　灾

一、承灾体评估

灾害风险的大小，除致灾强度外，还与承灾体有很大的关系。承灾体是灾害风险的承载体，是风险评估的最终对象。雪灾造成的危害程度与承灾体有关。

承灾体主要包括人口、国民经济、农业(小麦、玉米、水稻)。在承灾体和灾情组提供相关数据的前提下，统计区域为全国时，上述承灾体可考虑全部开展评估，统计区域为省级及以下时，人口和国民经济为必做项，其他为选做项。评估内容包括承灾体暴露度和脆弱性，分类见表4-12，有关内容可视承灾体组和灾情组提供的信息作调整。

表4-12　承灾体暴露度和脆弱性因子

承灾体	暴露度因子 E	脆弱性因子 V	脆弱性因子权重 W
人口	人口密度	0~14岁及65岁以上人口数比重	人口受灾率
国民经济	地均GDP	第一产业产值比重	直接经济损失率
农业(小麦)	播种面积占耕地面积比重	单位面积产量	农作物受灾率
农业(玉米)	播种面积占耕地面积比重	单位面积产量	农作物受灾率
农业(水稻)	播种面积占耕地面积比重	单位面积产量	农作物受灾率

统计脆弱性因子指标时，在雪灾灾情等资料较为完善且可获取的前提下可考虑脆弱性因子权重；如灾情数据无法获取，则建议只考虑承灾体暴露度。

统计区域为全国时，针对不同承灾体，不同省份分别拥有一个脆弱性因子权重，以省为单元统计受灾率，针对同一受灾率进行归一化处理（各省值除以省间最大值），其中：

$$人口受灾率=\frac{年受灾人数}{行政区人口数} \tag{4-38}$$

$$农作物受灾率=\frac{年受灾面积}{农作物种植面积} \tag{4-39}$$

统计区域为省级时，针对不同承灾体，不同地级市分别拥有一个脆弱性因子权重，以地级市为单元统计受灾率。

最终，针对不同承灾体，统计单元内的承灾体指标 B 计算公式为

$$B=E\times(V\times w) \tag{4-40}$$

式中 E——暴露度；

V——脆弱性；

w——脆弱性权重。

二、雪灾风险评估

灾害风险是致灾因子危险性、承灾体暴露度和承灾体脆弱性等因素综合作用的结果。在雪灾致灾因子危险性、雪灾承灾体暴露度、雪灾承灾体脆弱性分别评估的基础上，评估各区域雪灾的风险。根据统计单元内致灾因子危险性指数 H、承灾体指标 B，统计针对各承灾体的危险性指数 R，计算公式如下：

$$R=H\times B \tag{4-41}$$

式中 R——承灾体的危险性指标；

H——致灾因子危险性指标；

B——承灾体指标。

针对不同承灾体，根据风险指标值分布特征，可使用标准差等方法，将雪灾风险分为高、较高、中、较低、低5个等级，见表4-13。各级可根据区域实际数据分布特征，对分级标准进行适当调整。

表4-13　雪灾风险等级划分标准

等级值	等级名称	标　准
Ⅰ	高	$R \geq (ave+\sigma)$
Ⅱ	较高	$(ave+0.5\sigma) \leq R \leq (ave+\sigma)$
Ⅲ	中	$(ave-0.5\sigma) \leq R \leq (ave+0.5\sigma)$
Ⅳ	较低	$(ave-\sigma) \leq R \leq (ave-0.5\sigma)$
Ⅴ	低	$R<(ave-\sigma)$

注：R 为风险评价指数，ave 和 σ 为所有统计单元内风险值为非0值集合的平均值和标准差。

三、雪灾风险区划

基于雪灾风险评估结果，综合地形地貌、区域气候特征、流域等，对雪灾风险进行基于空间单元的划分（5级）。

四、实施意见

上述方案适用于省级开展雪灾风险评估，省级以下可以根据区域灾害发生的特点、业务需求，以及资料收集情况，参考本技术方案，对致灾因子、权重设定和等级划分方法进行细化处理，开展相关风险评估工作。

五、成果清单

基于不同统计区域对应的统计单元结果，提交产品清单与规格，见表4-14，其中风险图和分区图要视承灾体组和灾情组提供的资料而定。

表 4-14 雪灾风险评估产品清单与规格

序号	产品名称	数据格式要求	空间分辨率
1	雪灾致灾危险性区划	栅格	标准网格
2	雪灾 GDP 风险区划	栅格	标准网格
3	雪灾人口风险区划	栅格	标准网格
4	雪灾小麦风险评估	矢量	县级行政单元
5	雪灾小麦风险区划	栅格	标准网格
6	雪灾玉米风险评估	矢量	县级行政单元
7	雪灾玉米风险区划	栅格	标准网格
8	雪灾水稻风险评估	矢量	县级行政单元
9	雪灾水稻风险区划	栅格	标准网格
10	雪灾致灾危险性评估	矢量	县级行政单元
11	雪灾 GDP 风险评估	矢量	县级行政单元
12	雪灾人口风险评估	矢量	县级行政单元

第八节 雷　电

一、概述

雷电灾害风险区划是根据雷电特性及其致灾机理，利用普查所得的雷电观测资料、社会经济资料、雷电灾害资料和孕灾环境信息通过已建立的模型，计算、分析和评估雷电灾害风险，在此基础上，根据雷电灾害风险指数大小，对雷电灾害风险的空间范围进行区域划分和等级划分。根据雷电灾害风险区域和防范等级划分，提高雷电灾害多种时间尺度和空间尺度的预防提前性，给出雷电防护的工程性和非工程性措施，减少雷电灾害对于人民生命财产和社会经济效益的破坏和损害。

二、主要产出成果

根据全国自然灾害（气象灾害）风险普查实施方案要求，雷电灾害风险区划所需要的成果主要是图件类成果和报告成果。图件类成果包括国家级、省级和（市）县级致灾因子危险性分布图和国家级、省级和（市）县级雷电灾害风险区划图。报告类成果包括国家级、省级和（市）县级雷电灾害致灾因子危险性评估和风险区划报告。

三、灾害风险区划方法

（一）致灾危险性评估

雷电灾害危险性评估综合考虑雷电灾害致灾因子（雷击点密度和雷电强度）、孕灾环境影响因子（土壤电导率、海拔高度、地形起伏），通过建立模型计算雷电灾害致灾因子危险性 *RH*，并根据 *RH* 计算结果进行等级划分。其数据处理和计算方法如下。

（1）致灾因子指数：将行政区域范围划为 3 km×3 km 网格，利用 Kriging 插值法将雷击点密度插值成各网格数据，将雷电强度按百分位数法［参照《雷电灾害风险区划技术指南》(QX/T 405—2017) 附录 B 的百分位数法］划分等级，对各网格的雷击点密度 L_d、地闪强度 L_n 进行归一化处理再加权综合得到致灾因子指数。

注：危险性评估和风险区划用近十年雷电定位资料获取雷击点密度 L_d 和地闪强度 L_n，当因雷电定位数据年限不够、资料缺失或存在“边界效应”时，雷击点密度 L_d 宜采用近 30 年的年平均雷暴日数据并利用公式 $0.1T_d$ 计算得到。

（2）孕灾环境指数：将孕灾环境的影响因子地形影响指数、海拔高度、土壤电导率经归一化处理后，再等权重加权平均，计算得到 3 km × 3 km 网格孕灾环境指数。

（3）雷电灾害致灾因子危险性 *RH* 模型计算：根据综合致灾因子指数和孕灾环境指数，按照《雷电灾害风险区划技术指南》(QX/T

405—2017）附录 C 的要求确定权重系数，通过雷电灾害致灾因子危险性 RH 模型进行计算。

$$RH=(L_d\times wd+L_n\times wn)\times(S_c\times ws+E_h\times we+T_r\times wt) \tag{4-42}$$

式中 RH——致灾因子危险性；

L_d——雷击点密度；

wd——雷击点密度权重；

L_n——地闪强度；

wn——地闪强度权重；

S_c——土壤电阻率；

ws——土壤电阻率权重；

E_h——海拔高度；

we——海拔高度权重；

T_r——地形起伏；

wt——地形起伏权重。

（4）致灾因子危险性分布图绘制：根据致灾因子危险性 RH 的计算结果，按照自然断点法将危险性划分为 4 级，并绘制出致灾因子危险性分布图，完成危险性评估。

（二）风险指数计算模型

风险指数计算模型如式（4-43）所示：

$$LDRI=(RH^{wh})\times(RE^{we}\times RF^{wf}) \tag{4-43}$$

式中 $LDRI$——雷电灾害风险指数；

RH——致灾因子危险性；

wh——致灾因子危险性权重；

RE——承灾体暴露度；

we——承灾体暴露度权重；

RF——承灾体脆弱性；

wf——承灾体脆弱性权重。

承灾体暴露度 RE 计算模型如下所示：

$$RE=P_d\times wp+G_d\times wg+U_r\times wu \tag{4-44}$$

式中 RE——承灾体暴露度；

P_d——人口密度；

wp——人口密度权重；

G_d——GDP 密度；

wg——GDP 密度权重；

U_r——城镇化率；

wu——城镇化率权重。

承灾体脆弱性 RF 计算模型如下所示：

$$RF = C_l \times wc + M_l \times wm + (1 - P_c) \times wp \tag{4-45}$$

式中 RF——承灾体脆弱性；

C_l——生命损失指数；

wc——生命损失指数权重；

M_l——经济损失指数；

wm——经济损失指数权重；

P_c——防护能力指数；

wp——防护能力指数权重。

P_c 包括土地利用类型、政府防雷减灾资源、社会力量和企业参与资源、基层减灾资源（能力）等因素，n 为所选因子个数，其计算方法为

$$P_c = \frac{1}{n}\sum_{i=1}^{n}(J_z \times wz) \tag{4-46}$$

按照实施方案的要求，雷电灾害损失风险分为人口、GDP 和综合风险。在实际计算中，雷电灾害人口损失风险和 GDP 损失风险分别以人口密度、GDP 密度作为承灾体暴露度。综合风险则需考虑人口密度、GDP 密度和易燃易爆场所、矿区和旅游密度多个因子。

四、风险区划

（一）雷电灾害风险区划总体流程

利用普查所得的雷电观测资料（雷击点密度和地闪强度）进行

3 km×3 km 网格栅格化处理后利用百分位数法进行分级，同时将社会经济资料（人口密度、GDP 密度、城镇化率）、雷电灾害资料（雷电灾害频数、人员伤亡和经济损失）、防雷减灾资源（根据其他组的数据共享设为可选项，可选取政府、社会企业和基层减灾资源）归一化处理后进行 3 km×3 km 网格栅格化处理，孕灾环境信息（土壤电导率、海拔高度和地形起伏）归一化处理后导入 ArcGIS 数据库，通过层析分析法进行雷电灾害风险计算，将风险指数 *LDRI* 利用自然断点法进行处理，得到雷电灾害风险区划图，如图 4-7 所示。

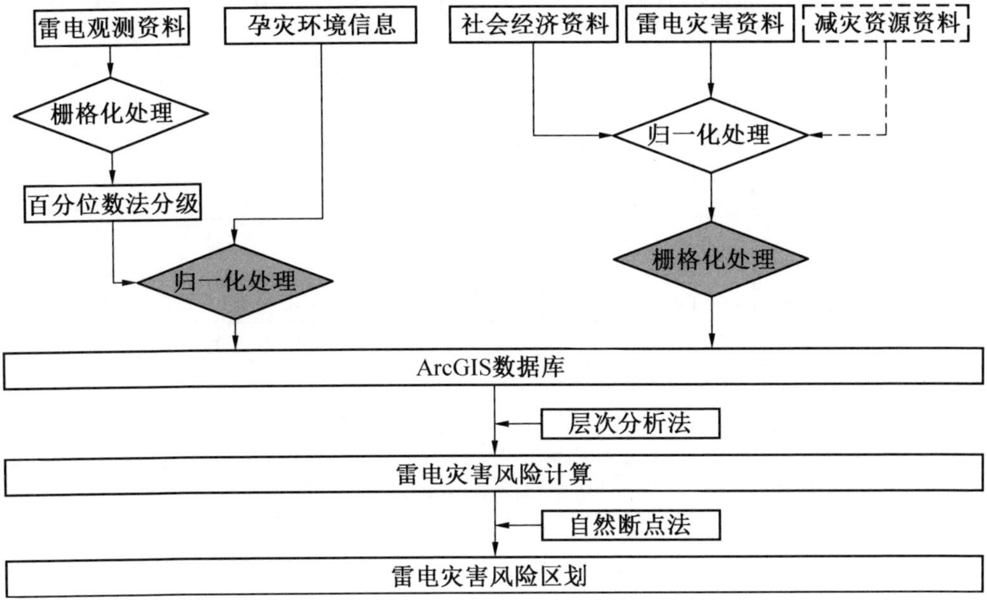

图 4-7 雷电灾害风险计算和区划流程图

（二）雷电灾害风险等级划分

依据雷电灾害风险指数大小，将雷电灾害风险划分为 5 级：极高风险等级（Ⅰ）、高风险等级（Ⅱ）、一般风险等级（Ⅲ）、较低风险等级（Ⅳ）、低风险等级（Ⅴ），分别用红、橙、黄、绿 4 种颜色标示，并按照表 4-15 的要求制作相应的图（实际中不划分较低和低风险区）。

表 4-15 雷电灾害风险等级级别含义和颜色

风险级别	级别含义	表征颜色	颜色 RGB 值
Ⅰ级	极高风险	红色	255，0，0
Ⅱ级	高风险	橙色	255，126，0
Ⅲ级	一般风险	黄色	255，250，0
Ⅳ级	较低风险	绿色	0，255，0
Ⅴ级	低风险	绿色	0，255，0

雷电灾害风险等级划分所用相关的参数指标和等级如图 4-8 所示。

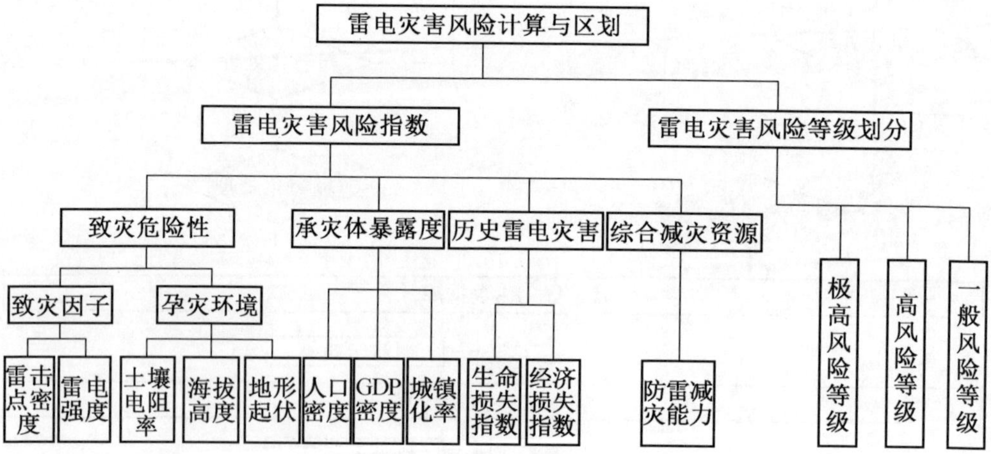

图 4-8 雷电灾害风险计算与区划参数指标和等级

五、风险防范等级划分及防范措施

根据雷电灾害风险等级划分情况，将其对应的雷电防范等级划分为 3 级（一级、二级、三级），根据不同等级的划分，采取不同的防范措施，防微杜渐，有效做好防雷减灾保障措施，具体如下所示。

（一）一级防范

雷电风险极高区域采取一级防范措施，在执行国家相关防雷标准基础上，须重点进行雷电防范。针对该区域的易燃易爆场所、矿区、旅游景区和学校等人员密集场所，做到以下措施：

（1）装设雷电监测预警信息接收系统。

（2）建立雷电安全管理制度，制定雷电灾害应急预案。

（3）每年开展雷电防御宣传教育或知识培训共 3 次以上。

（4）按法律法规规定每年委托具有防雷检测资质的机构进行定期检测 2 次，并对防雷安全隐患及时整改。

（5）设立专门雷电安全管理员，每年组织防雷装置自查 2~3 次，确保防雷装置正常运行，并及时上报雷电灾情。

（6）每年宜选取 4~5 个防雷示范点开展防雷工程建设，在人员密集且空旷区域建设防雷应急避险场所。

（二）二级防范

雷电高风险区域采取二级防范措施，在执行国家相关防雷标准基础上，须加强雷电防范。针对该区域的易燃易爆场所、矿区、旅游景区和学校等人员密集场所，做到以下措施：

（1）装设雷电监测预警信息接收系统。

（2）建立雷电安全管理制度，制定雷电灾害应急预案。

（3）每年开展雷电防御宣传教育或知识培训共 2 次以上。

（4）按法律法规规定每年委托具有防雷检测资质的机构进行定期检测 1~2 次，并对防雷安全隐患及时整改。

（5）设立专门雷电安全管理员，每年组织防雷装置自查 1~2 次，确保防雷装置正常运行，并及时上报雷电灾情。

（6）每年宜选取 3~4 个防雷示范点开展防雷工程建设，在人员密集且空旷区域建设防雷应急避险场所。

（三）三级防范

雷电一般风险区域采取三级防范措施，执行国家相关防雷标准基础上，须注重雷电防范。针对该区域的易燃易爆场所、矿区、旅游景区和学校等人员密集场所，做到以下措施：

（1）建立雷电安全管理制度，制定雷电灾害应急预案。

（2）每年开展雷电防御宣传教育或知识培训共 1 次以上。

（3）按法律法规规定每年委托具有防雷检测资质的机构进行定期检测 1 次，并对防雷安全隐患及时整改。

（4）设立专门雷电安全管理员，每年组织防雷装置自查 1 次，确保防雷装置正常运行，并及时上报雷电灾情。

（5）每年宜在该区域选取 2~3 个防雷示范点开展防雷工程建设。

六、示例

受资料获取限制等因素影响，此次雷电灾害危险性评估和风险区划以安徽省为例，其中承灾体暴露度只收集了土地面积、GDP、总人口等数据，易燃易爆场所、旅游景区和矿区的数量在本次评估和区划中未采用。防雷减灾（防护）能力用土地利用类型数据表征，未采用综合减灾资源及相关因子。

（一）数据和资料说明

1. 致灾危险性

雷电定位数据：收集了安徽省 ADTD 雷电定位系统 2010—2015 年的地闪定位数据，剔除雷电流幅值为 0~2 kA 和 200 kA 以上的记录，得到雷电定位数据样本。

地理信息资料：收集了水平精度为 90 m 的安徽省 DEM 数据、2015 年的 1∶100 万土地利用数据（精度为 300 m）和 2010 年的 1∶100 万土壤电导率数据（精度为 1 km）。

2. 承灾体暴露度

收集了安徽省的各（市）县土地面积、GDP、人口数据（以 2015 年为例）。

3. 历史雷电灾害

收集了 1998—2015 年安徽省的各（市）县的历史雷电灾害资料，统计了各（市）县的雷电灾害次数、人员伤亡数和经济损失。

4. 资料处理

对于人口密度、GDP 密度、生命损失指数、经济损失指数等以（市）县域为单元的矢量数据，采用 ArcGIS 10 中的“要素转栅格”

工具转换为 3 km×3 km 的栅格数据。

5. 致灾危险性分析

1）百分位数法处理雷电流强度

按百分位数法对 ADTD 雷电定位系统数据中雷电流幅值划分结果见表 4-16。

表 4-16 百分位数法对 ADTD 雷电定位系统数据中雷电流幅值划分结果

百分位数 P 区间	$P\leqslant60\%$	$60\%<P\leqslant80\%$	$80\%<P\leqslant90\%$	$90\%<P\leqslant95\%$	$P>95\%$
雷电流幅值 F	$F\leqslant34.43$	$34.43<F\leqslant46.52$	$46.52<F\leqslant61.17$	$61.17<F\leqslant78.96$	$F>78.96$
等级	1 级	2 级	3 级	4 级	5 级

2）雷击点密度和强度归一化处理及栅格化

将区域划分为 3 km×3 km 的网格，统计各网格内地闪频次，除以资料年限，得到各网格内的雷击点密度，形成雷击点密度栅格数据；统计各网格内不同雷电流幅值等级的地闪频次，并进行归一化处理，按照式（4-47）计算各网格内的地闪强度，形成地闪强度栅格数据。

$$L_n=\sum_{i=1}^{5}\left(\frac{i}{15}\times F_i\right) \tag{4-47}$$

式中 L_n——地闪强度；

F_i——雷电流幅值为 i 等级的地闪频次的归一化值。

3）DEM 和土壤电阻率数据归一化处理及栅格化

对数字高程模型 DEM、土壤电阻率资料进行归一化处理；同时计算以目标栅格为中心、大小为 3 km×3 km 栅格的正方形范围内高程的标准差，并进行归一化处理，形成归一化的海拔高度、地形起伏和土壤电阻率的栅格数据。

6. 承灾体暴露度

社会经济、人口数据计算和归一化处理及栅格化：用人口、GDP 数据除以土地面积，得到人口和 GDP 密度，并进行归一化处理，形成 3 km×3 km 的人口密度、GDP 密度栅格数据。

7. 历史雷电灾害

1）生命损失指数计算、归一化处理及栅格化

根据历史雷电灾害资料，统计单位面积上的年平均雷电灾害次数（单位为次/km²/a）与单位面积上的雷击造成人员伤亡数（单位为人/km²/a），并进行归一化处理。

按照如下公式计算生命损失指数，形成 3 km×3 km 的生命损失指数栅格数据。

$$C_l = 0.5 \times F + 0.5 \times C \tag{4-48}$$

式中 C_l——生命损失指数；

F——年平均雷电灾害次数的归一化值；

C——年平均雷击造成人员伤亡数的归一化值。

2）经济损失指数计算、归一化处理及栅格化

按照如下公式计算经济损失指数，形成 3 km×3 km 的经济损失指数栅格数据。

$$M_l = 0.5 \times F + 0.5 \times M \tag{4-49}$$

式中 M_l——经济损失指数；

F——年平均雷电灾害次数的归一化值；

M——年平均雷击造成直接经济损失的归一化值。

8. 综合减灾资源（防护能力）

根据国家标准《土地利用现状分类》(GB/T 21010—2017）附录 A 表 A.1 的“三大类”分类，将土地利用数据按表 4-17 进行赋值，并进行归一化处理，形成归一化 3 km×3 km 的防护能力指数栅格数据。

表 4-17 防护能力指数赋值标准

土地利用类型	建设用地	农用地	未利用地
对应土地利用栅格数据分类	编号 51 城镇用地； 编号 53 其他建设用地	编号 1 耕地 编号 2 林地 编号 3 草地 编号 52 农村居民点	除建设用地、农用地以外的其他类型用地
防护能力指数	1.0	0.6	0.5

（二）权重确定

一级指标（致灾危险性、承灾体暴露度、承灾体脆弱性）和二级指标（雷击点密度、地闪强度、土壤电阻率、海拔高度、地形起伏、人口密度、GDP 密度、生命损失指数、经济损失指数和防护能力指数）的权重的权重由层次分析法确定。层次分析法采用流行的 yaahp 软件 V11.0（下载地址 http：//www.metadecsn.com/download/），归集了 10 位专家 AHP 调查问卷结果计算所得。一级指标和二级指标的权重见表 4-18。

表 4-18　指标权重的计算结果

雷电灾害风险指数										
一级指标	致灾危险性					承灾体暴露度		承灾体脆弱性		
权重值	0.5318					0.0619		0.4063		
二级指标	雷击点密度	地闪强度	土壤电阻率	海拔高度	地形起伏	人口密度	GDP 密度	生命损失指数	经济损失指数	防护能力指数
权重值	0.3165	0.3592	0.0536	0.1267	0.1440	0.7916	0.2084	0.4667	0.4667	0.0666

（三）危险性评估

根据式（4-42）计算得到致灾因子危险性，根据自然断点法将危险性划分为 3 级（一般危险区、高危险区、极高危险区），绘制得到安徽省雷电灾害致灾因子危险性评估结果，如图 4-9 所示。

（四）风险指数计算与区划

根据式（4-43）计算得到雷电灾害风险指数，结果见表 4-19。采用自然断点法，将雷电灾害风险划分为极高风险等级（Ⅰ）、高风险等级（Ⅱ）、一般风险等级（Ⅲ）。

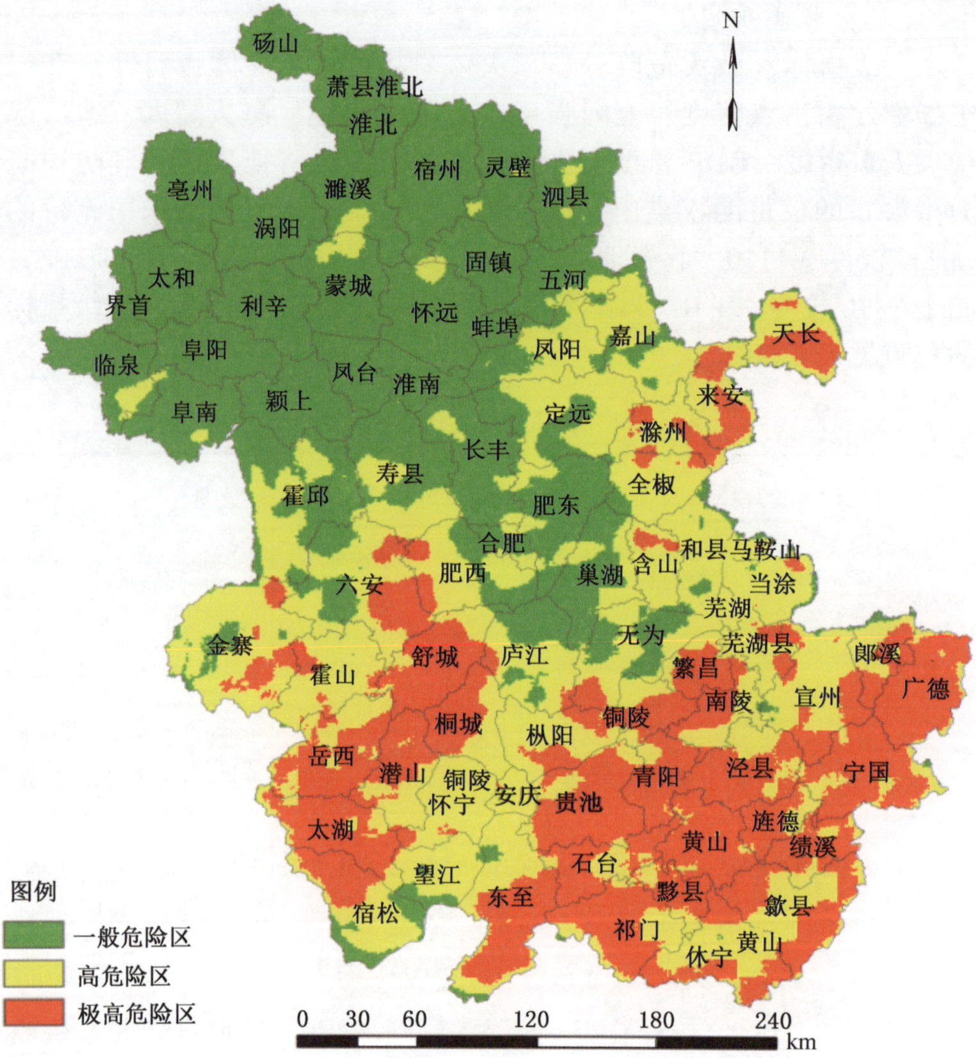

图 4-9 安徽省雷电灾害致灾因子危险性评估图

表 4-19 雷电灾害风险指数 *LDRI* 分布和等级

等级	雷电灾害风险指数 *LDRI*
极高风险等级（Ⅰ级）	3. 19<*LDRI*≤3. 30
高风险等级（Ⅱ级）	3. 16<*LDRI*≤3. 19
一般风险等级（Ⅲ级）	3. 12<*LDRI*≤3. 16

安徽省雷电灾害风险区划结果如图 4-10 所示。

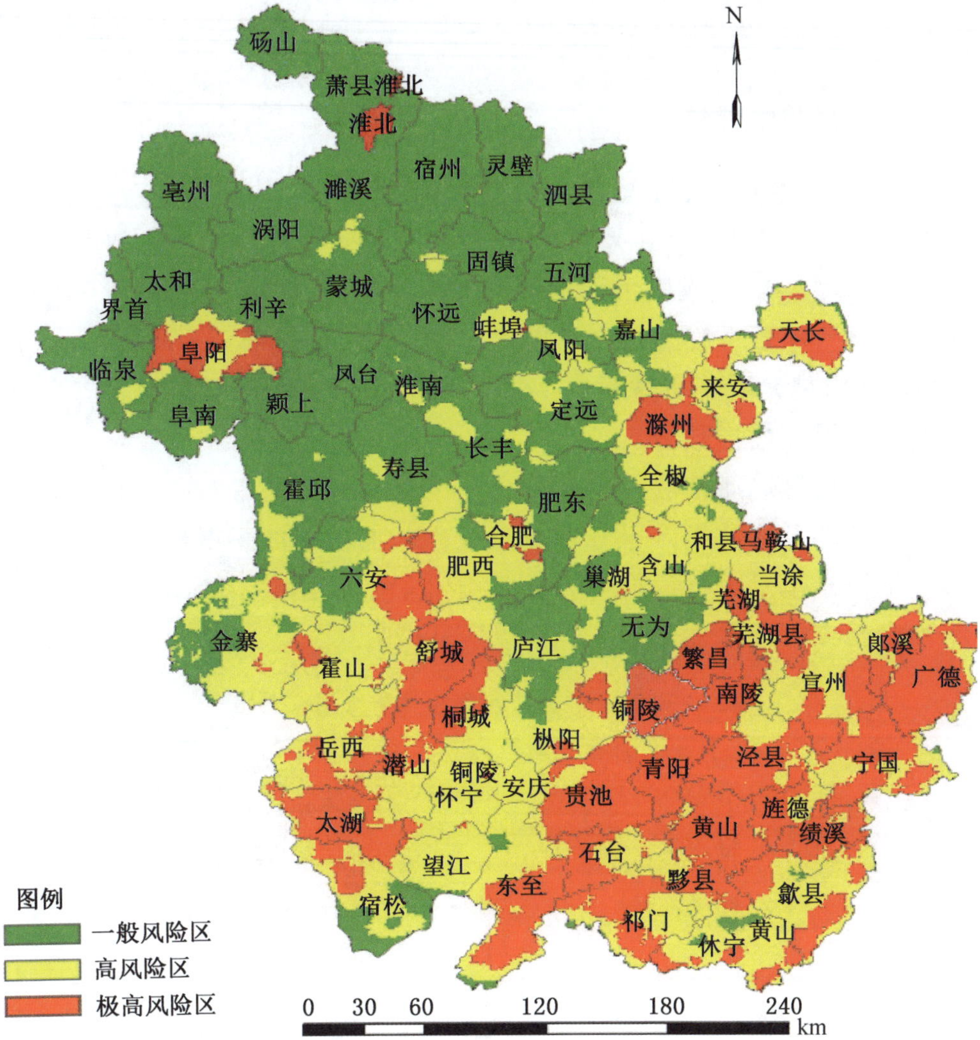

图 4-10　安徽省雷电灾害风险区划图

第九节　沙　尘　暴

一、危险性评估

选择发生沙尘天气（含沙尘暴、强沙尘暴、特强沙尘暴、扬沙、浮尘）年平均日数（频次，单位日/年）、沙尘暴的年平均日数（频次，日/年）、最大或极大风速平均值（强度，m/s）、最低水平能见度（km）、春夏季气溶胶光学厚度 AOD 平均值和春季环境空气质量 PM10 日均最大值（可选）作为沙尘暴灾害致灾因子，计算沙尘暴灾害的危险性评估指数 H。

采用信息熵赋权法、层次分析法或专家打分法等对归一化处理后的沙尘暴的上述致灾因子分别赋予权重，加权相加后得到 Hazard。

根据沙尘暴灾害危险性指标值分布特征，可使用标准差等方法，将沙尘暴灾害危险性分为 4 级，见表 4-20。

表 4-20　沙尘暴灾害危险性等级划分标准

等级值	标准
Ⅰ	$H \geqslant (ave+\sigma)$
Ⅱ	$ave \leqslant H < (ave+\sigma)$
Ⅲ	$(ave-\sigma) \leqslant H < ave$
Ⅳ	$H < (ave-\sigma)$

其中，H 为危险性指数，ave 为区域内非 0 危险性指标值均值，σ 为区域内非 0 危险性指标值标准差。各省可根据区域实际数据分布特征，对上述分级标准进行适当调整，也可使用百分位法、自然断点法等方法划分等级。

基于沙尘暴灾害危险性指数 H，对致灾因子危险性进行四等级空间单元的划分，并根据结果制成图件。

二、孕灾环境敏感性评估

沙尘暴孕灾环境主要指地形、土地类型、植被覆盖等因子对沙尘暴灾害形成的综合影响。综合考虑各影响因子对调查区域孕灾环境的不同贡献程度，运用信息熵赋权法、层次分析法或专家打分法设置相应的权重，加权求和计算得到孕灾环境敏感性评估指数 S。

三、风险评估

沙尘暴灾害风险评估涉及承灾体包括人口、经济、农业。

（一）暴露度评估

暴露度评估可采用区域范围内人口密度、地均 GDP、农作物种植面积比例等作为评价指标来表征人口、经济、农作物等承灾体暴露度。

对各评价指标进行归一化处理，得到不同承灾体的暴露度指数。

（二）脆弱性评估

脆弱性评估可采用区域范围内沙尘暴灾害受灾人口、直接经济损失、受灾面积、灾损率等作为评价敏感性的指标来表征脆弱性。

以区域范围内受灾人口、直接经济损失、主要农作物受灾面积与总人口、国内生产总值、农作物总种植面积之比作为脆弱性指标为例，脆弱性指数计算方法如下：

$$V_i = \frac{S_v}{S} \tag{4-50}$$

式中 V_i——第 i 类承灾体脆弱性指数；

S_v——受灾人口、直接经济损失或受灾面积；

S——总人口、国内生产总值或农作物种植总面积。

对各评价指标进行归一化处理，得到不同承灾体的脆弱性指数。

（三）风险评估

结合对不同承灾体暴露度和脆弱性评估结果，基于沙尘暴灾害风险评估模型，对沙尘暴灾害开展风险评估工作，同时基于沙尘暴灾害的危险性指数和孕灾环境敏感指数，对沙尘暴灾害整体开展风险评估工作。沙尘暴灾害风险评估模型如下：

$$R=H\times S\times E\times V \tag{4-51}$$

式中 R——特定承灾体沙尘暴灾害风险评价指数；

H——致灾因子危险性指数；

S——孕灾环境敏感性指数；

E——承灾体暴露度指数；

V——脆弱性指数。

依据风险评估结果，针对不同承灾体，使用标准差方法，定义风险等级区间，可将沙尘暴灾害风险按5级分区划分。风险等级划分标准见表4-21。

表4-21 沙尘暴灾害风险区划等级

等级值	等级名称	标 准
Ⅰ	高	$R\geqslant(ave+\sigma)$
Ⅱ	较高	$(ave+0.5\sigma)\leqslant R<(ave+\sigma)$
Ⅲ	中	$(ave-0.5\sigma)\leqslant R<(ave+0.5\sigma)$
Ⅳ	较低	$(ave-\sigma)\leqslant R<(ave-0.5\sigma)$
Ⅴ	低	$R<(ave-\sigma)$

其中，R 为风险评价指数，ave 为区域内非0风险指标值均值，σ 为区域内非0风险值标准差。

四、风险分区

根据风险评估结果，综合考虑地形地貌、区域性特征等，对沙尘暴灾害风险进行分区。

五、实施意见

上述方案适用于省级开展沙尘暴灾害风险评估，省级以下可以根据区域灾害发生的特点、业务需求，以及资料收集情况，参考本技术方案，对致灾因子、权重设定和等级划分方法进行细化处理，开展相关风险评估工作。

六、产品清单与规格

沙尘暴灾害风险评估产品清单与规格见表 4-22。产品要求中空间属性为矢量与栅格均可情况下，评估单元为行政区划时，提交矢量产品；评估单元为网格时，提交栅格产品。产品要求中空间属性为矢量情况下，提交基于行政区划评估单元的面矢量产品或者基于网格评估单元的点矢量产品。

表 4-22 沙尘暴灾害风险评估产品清单与规格

产品名称	空间属性	属性指标
沙尘暴灾害危险性评估图	矢量/栅格	危险性等级值（4 等级）
沙尘暴灾害风险图（人口）	矢量	风险等级值（5 等级）
沙尘暴灾害风险图（经济）	矢量	风险等级值（5 等级）
沙尘暴灾害风险图（农业）	矢量	风险等级值（5 等级）
沙尘暴灾害风险分区图	矢量/栅格	风险等级值（5 等级）

附录一 名 词 解 释

1. 承灾体

遭受灾害的主体，主要指人类自身或其生存的资源和环境。

2. 热带气旋

热带气旋是生成于热带或副热带洋面上，具有有组织的对流和确定的气旋性环流的非锋面性涡旋的统称，包括热带低压、热带风暴、强热带风暴、台风、强台风和超强台风。参照《热带气旋等级》（GB/T 19201—2006）定义 2.1。在我国，一般将热带风暴及以上级别的热带气旋统称为台风。

3. 降雨过程

受天气系统影响，从降雨开始到结束的全过程，期间日降雨量（20 时~20 时）需大于等于 0.1 mm。

4. 单站暴雨日

一般情况下，以单个国家级气象观测站 24 小时内降雨量大于等于 50 mm 的降雨日为单站暴雨日。各省、区域尤其是西部地区，优先遵从本地气候特征的暴雨标准。

5. 单站暴雨过程

单站暴雨日持续天数大于等于 1 天的或者间断日仅 1 天且出现中雨以上降水过程。

暴雨过程开始日/结束日：暴雨过程首个/最后一个暴雨日。

6. 气象干旱

某段时间内，由于蒸散量和降水量的收支不平衡，水分支出大于水分收入而造成的地表水分短缺现象。

7. 气象干旱综合指数 MCI

综合考虑前期不同时段降水量和蒸散对当前干旱的影响而构建的一种干旱指数。

8. 标准化降水指数 SPI

假设某时间段降水量服从 Γ 概率分布，对其经过正态标准化处理得到的指数。

9. 干旱过程

单站或某一区域范围内持续一定时间的干旱。可用于气象干旱、农业干旱和水文干旱等。

10. 累积干旱强度

累积干旱指数是表征干旱强度与持续时间的综合指标。

11. 干旱过程强度

干旱过程强度是反映干旱过程持续时间、影响面积和干旱强度的综合指标。

12. 高温

日最高气温达到或超过 35 ℃以上的天气现象。为了突出持续时间对高温过程影响，将连续 3 天及以上日最高气温大于等于 35 ℃作为一次高温过程。将持续天数 3、4 及 5 天以上高温过程划分为轻度、中度及重度 3 个等级。

13. 低温灾害

低温灾害是指因冷空气异常活动等原因造成剧烈降温以及冻雨、雪、冰（霜）冻所造成的灾害事件。造成低温灾害的主要天气过程有寒潮等冷空气活动。

14. 大风

大风是指由非台风天气系统导致发生的日极大风速达 17.2 m/s（8 级）及以上的风。

15. 冰雹

冰雹是指坚硬的球状、锥形或不规则固体降水物。参照《冰雹等级》（GB/T 27957—2011）定义 2.1。

16. 最大冰雹直径

最大冰雹直径是指一次降雹过程中观测到的最大冰雹的最大直径。参照《气象灾害风险评估技术规范》(QX/T 511—2019) 定义 2.2。

17. 冰雹灾害

冰雹灾害是由强对流性天气引起的一种自然灾害，常常伴随雷雨、大风和龙卷风等同时发生天气，会给农业、建筑、电力、交通、通信及人民生命财产带来巨大损失。

18. 雪灾

雪灾是指因降雪形成大范围积雪，严重影响人畜生存，以及因降大雪造成交通中断，毁坏通信、输电等设施的灾害。

19. 降雪量

降雪量是指某一时段内的未蒸发、渗透、流失的降雪，经融化后在平面上累计的深度。注：以 mm 为单位，取 1 位小数。

20. 积雪深度

积雪深度是指在雪尚未融化时，一定时间内积雪面到地面的垂直深度 (cm)。

21. 雷暴

雷暴是指由大气活动产生的、伴随有电闪雷鸣的局地风暴。参照《雷电防护　雷暴预警系统》(GB/T 38121—2019) 3.1.25。

22. 闪电

闪电是指大气中发生一次或以上闪击的放电现象。注：放电现象可发生在云闪、云对云、云对大气、以及云对地之间。参照《雷电防护　雷暴预警系统》(GB/T 38121—2019) 3.1.15。

23. 地闪

地闪是指雷暴云与大地之间的放电现象。参照《雷电防护　雷暴预警系统》(GB/T 38121—2019) 3.1.2。

24. 雷暴日

雷暴日是指测站闻雷的日子。

25. 地闪密度

地闪密度是指单位面积、单位时间的平均地闪次数。注：单位为次每平方千米年［次/(km^2·a)］。参照《基于雷电定位系统（LLS）的地闪密度　总则》(GB/T 37047—2018) 3.1.7。

26. 雷击点密度

雷击点密度是指单位面积、单位时间的平均雷击点个数。注：单位为个每平方千米年［个/(km^2·a)］。参照《基于雷电定位系统（LLS）的地闪密度　总则》(GB/T 37047—2018) 3.1.8。

27. 雷电定位系统

雷电定位系统是指由多个雷电传感器组成的用于监测和定位其覆盖区域内雷电事件的探测网。注：雷电定位系统又称闪电定位系统。参照《基于雷电定位系统（LLS）的地闪密度　总则》(GB/T 37047—2018) 定义 3.1.10。

28. 雷击

雷击是指对地闪击的一次放电。

29. 沙尘暴

沙尘暴是指风将地面大量尘沙吹起，使空气很浑浊，水平能见度小于 1 km 的天气现象。

30. 强沙尘暴

强沙尘暴是指大风将地面尘沙吹起，使空气非常浑浊，水平能见度小于 500 m 的天气现象。

31. 特强沙尘暴

特强沙尘暴是指狂风将地面大量尘沙吹起，使空气特别浑浊，水平能见度小 50 m 的天气现象。

32. 扬沙

扬沙是指风将地面尘沙吹起，使空气相当混浊，水平能见度在 1.0~10.0 km 的天气现象。

33. 浮尘

浮尘是指尘土、细沙均匀地浮游在空中，使水平能见度小于 10.0 km 的天气现象。

34. 水平能见度

水平观测时，视力正常的人在当时的天气条件下，能够从天空背景中辨认出目标轮廓的最大水平距离。单位为 m 或 km。

35. 可吸入颗粒物 PM10

可吸入颗粒物 PM10 是指空气动力学直径小于或等于 10 μm 的气溶胶粒子。

36. 气溶胶光学厚度 AOD

介质的消光系数在垂直方向上的积分，用来描述气溶胶对光的削减作用或大气浑浊程度的关键物理量。

附录二　常见问题解答

1. 评估区域内冰雹观测资料较少怎么办?

冰雹天气的局地性很强，有时发生在偏远的乡镇而未发生在气象站点上，因此漏记情况比较普遍。目前有冰雹观测记录的国家级地面气象站全国有 2400 多个，但每个县级行政区域可能只有 1~2 个站点，这给县级危险性评估和区划带来了困难。因此，针对冰雹记录较少的情况，可以通过当地人工影响天气炮点的冰雹观测记录、信息员收集的降雹记录和文献中已有雹灾记录等途径进行资料补充。

2. 如果县级没有国家级气象站，没有冰雹观测记录怎么办?

部分县级存在没有国家级气象站的情况，针对这种情况，可以通过周边站点冰雹观测记录插值获得评估区域的危险性区划，也可以考虑采用天气雷达数据判识，依据雷达反射率因子特征，结合已有研究成果和预报员经验给出可能的冰雹日、范围、强度等信息，建立满足时间序列要求的冰雹数据集。

基于天气雷达数据的大冰雹（直径通常大于 2 cm）建议判据为：距离雷达站点 10 km 范围内出现大冰雹雷达回波特征。大冰雹雷达特征判据为：①55 dBZ 扩展到−20 ℃等温线高度以上并且最大反射率因子大于等于 60 dBZ，融化层高度（湿球温度 0°层高度）到地面距离小于 4.2 km；②连续 2 个体扫最大反射率因子超过 65 dBZ，融化层高度（湿球温度 0°层高度）到地面距离小于 4.2 km；③出现三体散射（仅适用于 S 波段雷达）特征。3 个判据任选其一。

如果以上方法实施困难，县级的评估和区划也可以不作。

3. 如果冰雹持续时间记录显著不合理如何进行处理?

一般情况下，降雹持续时间为 1~15 min，以 5~10 min 居多，如果持续时间显著不合理，可以通过以下两种方式核查：一是确认是否为台站观测，如果是，可以查 A 文件，进一步确认发生时段，如果非台站观测，可以通过互联网来对信息确认，比如地方新闻、论坛中的相关信息（如视频、文字、语音等）；二是无法确认是否为台站观测，则只记录发生了一次冰雹，对冰雹持续时间不作记录。

4. 当冰雹记录中无降雹时极大风速时怎么办？

可根据降雹起止时间，反查月报表资料获得降雹时极大风速。

5. 致灾因子除考虑降雹持续时间、冰雹最大直径和降雹时极大风速外，是否可以再考虑别的因子？

在作冰雹危险性评估时，除文中提及的致灾因子外，各地可根据当地实际情况，补充考虑其他致灾因子，例如降雹厚度等。

6. 雪灾调查与风险评估中，计算降雪量时，由于降雪和降雨难以分离，致灾因子中的降雪量应如何计算？

降雪量统计中降雪量和降雨量难以分离。综合考虑南北方雪灾致灾成因及历史雪灾灾情情况，建议使用以下方法计算降雪量：逐日降水量和降雪天气现象数据中提取出逐日降雪资料，当某日有降雪天气现象（雪、雨夹雪、雪暴、霰、米雪、冰粒），则认为当日降水量为降雪量。评估区域也可根据当地雪灾成因、承灾体指标、历史雪灾灾情情况进行综合考虑，适当调整降雪量计算方法。

7. “致灾危险性”普查中，如雷电定位系统建站较晚，资料年限未到 10 年时，应如何解决资料收集和雷击点密度计算？

闪电定位数据年限不足 10 年时，应收集雷电定位系统建设以来的所有数据，不足年份在雷击点密度计算时，用该年份雷暴日数 T_d 结合国家标准《建筑物防雷规范》（GB 50057—2010）中 $N_g = 0.1T_d$ 来计算。

8. 雷电定位资料中地闪信息包括负地闪和正地闪两种，地闪强度和质量控制时是否进行区分？

地闪强度为雷电流幅值的绝对值，在强度信息统计和根据雷电流幅值进行质量控制时统一考虑负地闪和正地闪雷电流幅值绝对值，不分类处理。

9. 雷电定位系统大都以省建设为主，在全国联网以前，会存在明显的“边界效应”。若某地（位于两省交界处）雷电定位资料年限为12年，年平均地闪回击密度为2.3次/(km^2·a)，而该地30年年平均雷暴日数为35天，此时雷击点密度应该如何选取？

在全国雷电定位系统联网之前由于仪器布站等因素影响雷电探测效率导致位于省交界处的闪电分布通常较少。此时，雷击点密度应取用《建筑物防雷设计规范》(GB 50057—2010）中的公式 $N_g = 0.1T_d$ 和闪电定位数据得到的雷击密度二者中较大值。实现全国联网后，建议根据国家气象局下发各省的联网资料进行雷击点密度计算。

10. 历史雷电灾害信息普查中，当灾害所属区域信息不明确时，如信息记录为“某县、某市区”时，应如何处理？

当雷电灾害所属区域信息不明确时，该条信息资料不予录用和记录。

11. 历史雷电灾害信息普查中，如灾害的致灾原因为强对流过程(如雷雨大风、龙卷风等伴随雷电过程的天气现象）时，灾情是否属于上报范围？

普查区域内的历史雷电灾害信息应为各级气象主管机构认定或符合《雷电灾害调查技术规范》(QX/T 103—2017）中9.3.1结论为“雷电灾害”的灾害事例，应具有详细的灾情信息。

12. 承灾体暴露度和综合减灾资源中普查的某项对象信息无法获取时，应如何处理？

承灾体暴露度和综合减灾资源的信息，宜由承灾体组和相关部门进行提供。当某项对象信息无法获取时，在后期的风险区划中（指标选取和处理方法参见前文）不予采用。

13. 由于雷电灾害危险性评估和风险区划所用资料精度和空间尺度不一，所属区域不明确，至少应精确到哪一级？

受历史雷电灾害灾情数据的精确度所限，所属区域至少精确到乡镇一级。

附录三 调 查 表 格

附表1 ______省______县（市）历次台风灾害事件及致灾因子调查表

填表字段	单位	台风1	台风2	…	填表说明
（一）台风事件	—				
台风序号	—				填写格式为“yyyynn”，如200005
中央台编号	—				填写格式为“yynn”，如0005
台风名称	—				英文名或中文名
是否本地登陆	—				填是或否
登陆时间	—				若登陆，填写格式为“yyyymmddhhmm”
登陆强度	m/s				若登陆，填登陆强度，若不是则不填
影响开始时间	年月日				填写格式为“yyyymmdd”
影响结束时间	年月日				填写格式为“yyyymmdd”
（二）致灾因子	—				
过程最大风速	m/s				有记录以来，一般采用10 min平均风速
过程累积雨量	mm				有记录以来
过程最大日雨量	mm				有记录以来

填表人：__________ 复核人：__________ 审查人：__________ 联系电话：__________

填写单位：______省______市______县气象局 填表日期：______年______月______日

附表2 ______省______县（市）历次台风灾害灾情调查表

填表字段	单位	台风1	台风2	…	填表说明
台风国际编号	—				
中央台编号	—				
台风名称	—				
（一）人口受灾情况	—				基于历史灾情组共享资料整理
受灾人口	万人				
紧急转移安置人口	万人				
死亡人口	人				
失踪人口	人				
（二）房屋受灾情况	—				基于历史灾情组共享资料整理
倒塌房屋数量	间				
损坏房屋数量	间				
（三）农业受灾情况	—				基于历史灾情组共享资料整理
农业受灾面积	km^2				
农业绝收面积	km^2				
（四）直接经济损失汇总	—				基于历史灾情组共享资料整理
直接经济损失	万元				
（五）其他灾情信息描述	—				基于历史灾情组共享资料整理
其他	—				描述渔业、电力、通信、交通等受损情况

填表人：__________ 复核人：__________ 审查人：__________ 联系电话：__________

填写单位：______省______市______县气象局 填表日期：______年______月______日

附表 3　暴雨灾害调查表格的分类说明

表格类别		数据类型	数据来源	采集标准
A	表 A. 1~表 A. 6	致灾因子数据，台站	国家级气象部门 省级气象部门	见技术规范及培训教程
	表 A. 7~表 A. 8	致灾因子数据，台站	国家级、省级气象部门按照标准计算	见技术规范及培训教程
	表 A. 9~表 A. 10	灾情数据，县、乡、村为单位的数据和点数据；部分遥感（卫星、无人机）采集的为栅格数据	气象灾情直报系统以及灾情调查组第一次全国自然灾害综合风险普查“历史灾情组”	见技术规范及培训教程
	表 A. 11	防灾减灾效益（气象服务部分），统计数据	气象部门	见技术规范及培训教程
B	B. 1	行政区划、自然地理等基础信息；点状、面状空间数据或数据库表等	第一次全国自然灾害综合风险普查相关组	见技术规范及培训教程
	B. 2–B. 6	承灾体数据；点状、面状空间数据或数据库表等	第一次全国自然灾害综合风险普查相关组	见技术规范及培训教程
	B. 7	水文基础信息（可为孕灾环境数据，也可为承灾体数据）；点状、面状空间数据、数据库表以及相关图表等	第一次全国自然灾害综合风险普查相关组	见技术规范及培训教程

附表 4 ______省（自治区、直辖市）历次干旱过程致灾危险性调查表

填表字段	单位	记录	填表说明
行政区代码	—		
干旱过程编号	—		PYYYYNNN，如：P2000001，按年设置序号
区域干旱过程开始时间	年月日		参见《区域性干旱过程监测评估方法》（QX/T 597—2021）
区域干旱过程结束时间	年月日		参见《区域性干旱过程监测评估方法》（QX/T 597—2021）
区域干旱过程影响站点数	个		干旱过程内逐日达到中旱及以上站点的平均值来表征影响范围
区域干旱过程强度	—		参见《区域性干旱过程监测评估方法》（QX/T 597—2021）
区域干旱过程评估等级	—		参见《区域性干旱过程监测评估方法》（QX/T 597—2021），划分为一般、较强、强和特强 4 级
资料来源说明	—		
备注	—		

填表人：__________ 复核人：__________ 审查人：__________ 联系电话：__________

填写单位：______________________________ 填表日期：______年______月______日

附表 5　______省（自治区、直辖市）年度干旱灾害致灾危险性调查表

填表字段	单位	记录	填表说明
年份	—		
省区域平均年降水量	mm		
年区域干旱过程总次数	次		
一般区域干旱过程次数	次		
较强区域干旱过程次数	次		
强区域干旱过程次数	次		
特强区域干旱过程次数	次		
资料来源说明	—		
备注	—		

填表人：__________　　复核人：__________　　审查人：__________　　联系电话：__________

填写单位：______________________________　　填表日期：______年______月______日

附表6 ______省______市______县历次干旱过程致灾危险性调查表

填表字段	单位	记录	填表说明
行政区代码	—		
县级干旱过程编号	—		CYYYYNNN，如：C2000001，按年设置序号
干旱过程开始时间	年月日		参见《区域性干旱过程监测评估方法》(QX/T 597—2021)
干旱过程结束时间	年月日		参见《区域性干旱过程监测评估方法》(QX/T 597—2021)
累积干旱强度（中旱及其以上等级）	—		参见《区域性干旱过程监测评估方法》(QX/T 597—2021)
干旱过程强度	—		参见《区域性干旱过程监测评估方法》(QX/T 597—2021)
干旱过程评估等级	—		参见《区域性干旱过程监测评估方法》(QX/T 597—2021)，划分为一般、较强、强和特强4级
干旱过程降水量	mm		
干旱过程降水量距平百分率	%		参见《气象干旱等级》(GB/T 20481—2017)
平均气温距平	℃		
最长连续无降水日数	日		参见《气象干旱等级》(GB/T 20481—2017)
相对湿润度指数	—		参见《气象干旱等级》(GB/T 20481—2017)
资料来源说明	—		
备注	—		

填表人：__________　　复核人：__________　　审查人：__________　　联系电话：______

填写单位：______________________　　填表日期：______年______月______日

附表 7　高温过程及危险性因子调查表

填表字段	单位	记录 1（过程 1）	记录 2（过程 2）	…	填表说明
调查年份	—				格式为 yyyy
高温过程开始时间	年月日				填写格式为“yyyymmdd”
高温过程结束时间	年月日				填写格式为“yyyymmdd”
影响范围（气象站点）	—				影响范围内的气象站点的站号
影响范围（乡镇）	—				影响范围内的乡镇名称
平均最高气温	℃				
平均最低气温	℃				
极端最高气温	℃				
极端最低气温	℃				
日较差	℃				
风速	m/s				
相对湿度	%				
过程平均最高气温	℃				
过程平均最高气温距平	℃				与常年值的距平
单日最大范围（气象站点）	—				影响范围内的气象站点的站号
单日最大范围（乡镇）	—				影响范围内的乡镇名称
单日最大范围出现日期	年月日				

附表 7（续）

填表字段	单位	记录 1（过程 1）	记录 2（过程 2）	…	填表说明
过程日平均最低气温	℃				例如：某次高温过程持续了 5 天，则分别针对每天统计，最终得到 5 个值
过程日平均最高气温	℃				
过程日平均气温	℃				
单日最低气温	℃				以单日为归类单位，分别对所有站的日值进行统计，取极值或求平均，最终得到 1 个值
单日最高气温	℃				
单日平均气温	℃				
单日最低气温出现日期	年月日				
单日最高气温出现日期	年月日				
单站最低气温日值	℃				以单站为归类单位，分别对所有日值进行统计，取极值，最终得到 1 个值
单站最高气温日值	℃				
单站最低气温日值站名	—				
单站最高气温日值站名	—				
单站最低气温日值出现日期	年月日				
单站最高气温日值出现日期	年月日				
备注	—				

填表人：__________ 复核人：__________ 审查人：__________ 联系电话：______

填写单位：______省______市______ 填表日期：______年______月______日

附表 8 ______省______县（区）/______乡镇/______村高温灾害防灾措施调查汇总表

填表字段	单位	记录	填表说明
省名	—		
市（地区/州）名	—		
县（市）名	—		
乡（镇）名	—		
乡（镇）代码	—		
有无监测手段	—		填写有或无
有无预警手段	—		填写有或无
有无应急救灾预案	—		填写有或无
有无救灾社会团体	—		填写有或无，如红十字会等
有无政策法规	—		填写有或无
卫生技术人员数量	人		
医疗床位数	个		
园林绿地面积比例	%		
备注	—		文字描述通信网的覆盖范围、尚未覆盖范围，当前的警报措施是否满足高温灾害防治需要，以及目前在防治高温灾害方面已制定的防灾预案、防灾经验、采取的一些救灾措施、存在的问题等

填表人：__________ 复核人：__________ 审查人：__________ 联系电话：__________

填写单位：______省______市______ 填表日期：______年______月______日

附表 9 ______省______县（市）低温灾害调查表

填表字段	单位	记录 1	记录 2	…	填表说明
一、低温事件信息	—				
低温灾害类型	—				霜冻害、冰冻等或其他区域性低温灾害
承灾体类型	—				水稻、小麦、玉米等主要农作物（省级其他特色农作物）或其他承灾体
低温开始时间	年月日	过程 1	过程 1		填写格式为“yyyymmdd”，如 1958 年 5 月 1 日记为 19580501
低温结束时间	年月日				填写格式为“yyyymmdd”，如 1958 年 5 月 1 日记为 19580501
低温持续时间	日				
低温强度	—				不同低温类型选取不同强度指标
二、灾情信息	—				
（一）农作物	—				
受灾面积	km^2				
绝收面积	km^2				
减产产量	kg/km^2				
直接经济损失	万元				
（二）电力、交通	—				
受损长度/个数	km				输电线路或道路受影响长度/电力倒杆（塔）数
直接经济损失	万元				
备注	—				

填表人：__________ 复核人：__________ 审查人：__________ 联系电话：__________

填写单位：______省______市______县气象局 填表日期：______年______月______日

附表 10　历次大风灾害事件调查表示例（以北京房山区房山站国家级站点调查为例）

54596 历次大风过程	单位	过程 1	过程 2	过程 3	…
开始时间	年月日时分	1978 年 4 月 4 日 20 时	1978 年 9 月 17 日 22 时	1979 年 8 月 26 日	
结束时间	年月日时分	1978 年 4 月 5 日 17:20	1978 年 9 月 18 日 07 时	1979 年 8 月 27 日	
持续时间	h	（5 日有大风记录夜间开始出现）	9		
影响地区	—	城关、岳各庄、长沟、周口店、石楼、长沟	霞云岭、史家营、大安山、长操、南窖、东班各庄、河北等 9 个人民公社	史家营、蒲洼、大安山、霞云岭、长操、班各庄、六渡 7 公社	
（一）致灾因子	—				
2 min 平均风速	m/s				
日最大风速	m/s	15.7	17.0	无大风事件	
日极大风速	m/s				
日极大风速风向	—				
日平均风速	m/s	14.8（54596）	3.0（54597）	1.5（54597）	

附表 10（续）

54596 历次大风过程	单位	过程 1	过程 2	过程 3	…
（二）受灾情况	—				
本次事件有无受灾	—	有	有	有	
受灾地区地名	—				
农业受灾面积	km^2		4.00	16.66	
农业经济损失	万元				
受灾人口	人次	2			
总经济损失	万元				
详细灾情描述	—	倒树 1.74×10^4 株，电杆 334 根，毁房 582 间，伤人 2 人，所有薄膜覆盖菜田全部损坏，玻璃温室、阳畦 80% 损坏。崇青水库浪高 5 m 至 8 m，副坝 7 处砌石被狂风掀起	6000 多亩谷子田的谷子大部分被刮掉谷粒，谷子减产六七成	受灾 2.5 亩，粮食减产 90×10^4 kg，干鲜果品减收 10×10^4 kg	

附表 11 冰雹信息调查表

要素	观测站名	站号	经度	纬度	海拔高度	降雹日期	降雹频次	降雹开始时间	降雹结束时间	降雹持续时间	降雹时极大风速	冰雹最大直径
单位	—	—	度分秒	度分秒	m	年月日	—	年月日 时分	年月日 时分	min	m/s	mm
资料来源：												

注：1. 当某日降雹频次≥1 时，应分别填写每次降雹的开始时间、结束时间、持续时间、极大风速、最大直径。

2. 通过年鉴、气象志、地方志、人影作业点等途径获取的冰雹记录可以填入该表。

填表人：______ 复核人：______ 审查人：______ 联系电话：______

调查承担单位：____________ 填表日期：____年____月____日

附表12 冰雹灾情调查表

填表字段	单位	记录1	记录2	…	填表说明
区名	—				如：朝阳区
区代码	—				代码见《中华人民共和国行政区划代码》(GB/T 2260—2007)
乡镇（街道）名称	—				
乡镇（街道）代码	—				填写街道代码，见《北京市行政区划代码》(DB11/T 064—2009)
村（社区）名	—				
村（社区）代码	—				
调查年份	年				
直接经济损失	万元				
当年地区国内生产总值	万元				
农业受灾面积	ha				
当年农作物播种面积	ha				
损坏大棚	座				
林业受灾面积	ha				
当年林业面积	ha				
车辆损失	辆				
其他灾情描述	—				
资料来源：					

注：1 ha（公顷）= 0.01 km^2。

填表人：______ 复核人：______ 审查人：______ 联系电话：______

调查承担单位：______ 填表日期：____年____月____日

附表13 雪灾致灾危险性因子

填表字段	单位	记录1	记录2	…	填表说明
灾害类型	—				
开始时间	年月日				填写格式为“yyyymmdd”，如1958年1月1日则记19580101；若灾害发生具体时间不详，若只有年月的，如3月就按3月00日填写
结束时间	年月日				
站号	—				
累积降雪量	mm				保留1位小数
最大积雪深度	cm				保留整数
积雪日数	—				选填。保留1位小数，根据确定的雪灾致灾因子遴选
降雪日数	—				选填。保留1位小数，根据确定的雪灾致灾因子遴选
最低气温	℃				选填。保留1位小数，根据确定的雪灾致灾因子遴选
最大日降雪量	mm				选填。保留1位小数，根据确定的雪灾致灾因子遴选
日最大风速	m/s				选填。保留1位小数，根据确定的雪灾致灾因子遴选
备注	—				

填表人：__________ 复核人：__________ 审查人：__________ 联系电话：__________

填写单位：______省______市______县 填表日期：______年______月______日

附表 14 雷电定位资料普查信息统计表

<table>
<tr><td colspan="3">区域名称</td><td colspan="10"></td></tr>
<tr><td colspan="3">行政区域代码</td><td colspan="10"></td></tr>
<tr><td colspan="3">资料年限</td><td colspan="10"></td></tr>
<tr><td colspan="3">雷电定位系统名称</td><td colspan="3"></td><td colspan="3">雷电定位系统类型</td><td colspan="4"></td></tr>
<tr><td colspan="3">雷击点密度</td><td colspan="10"></td></tr>
<tr><td colspan="3">平均地闪强度</td><td colspan="10"></td></tr>
<tr><td colspan="13">雷电定位资料回击信息</td></tr>
<tr><td>年</td><td>月</td><td>日</td><td>发生时间
(北京时间)</td><td>经度</td><td>纬度</td><td>电流强
度/kA</td><td>陡度/
($kA\cdot\mu s^{-1}$)</td><td>省</td><td>市</td><td>区
(县)</td><td>定位
方式</td><td>备
注</td></tr>
<tr><td></td><td></td><td></td><td></td><td></td><td></td><td></td><td></td><td></td><td></td><td></td><td></td><td></td></tr>
<tr><td></td><td></td><td></td><td></td><td></td><td></td><td></td><td></td><td></td><td></td><td></td><td></td><td></td></tr>
<tr><td></td><td></td><td></td><td></td><td></td><td></td><td></td><td></td><td></td><td></td><td></td><td></td><td></td></tr>
<tr><td></td><td></td><td></td><td></td><td></td><td></td><td></td><td></td><td></td><td></td><td></td><td></td><td></td></tr>
<tr><td></td><td></td><td></td><td></td><td></td><td></td><td></td><td></td><td></td><td></td><td></td><td></td><td></td></tr>
</table>

注：雷电定位系统类型填写“二维”或“三维”。

填表人：________ 复核人：________ 填表日期：______年______月______日

附表 15 雷暴日数据普查信息统计表

<table>
<tr><td>区域名称</td><td colspan="5"></td></tr>
<tr><td>行政区域代码</td><td colspan="5"></td></tr>
<tr><td>资料年限</td><td colspan="5"></td></tr>
<tr><td colspan="6">雷暴日数据信息</td></tr>
<tr><td>台站编号</td><td>台站名称</td><td>年份</td><td>月份</td><td>雷暴日数</td><td>备注</td></tr>
<tr><td></td><td></td><td></td><td></td><td></td><td></td></tr>
<tr><td></td><td></td><td></td><td></td><td></td><td></td></tr>
<tr><td></td><td></td><td></td><td></td><td></td><td></td></tr>
<tr><td></td><td></td><td></td><td></td><td></td><td></td></tr>
</table>

填表人：________ 复核人：________ 填表日期：______年______月______日

附表 16 单次雷电灾害情况登记

<table>
<tr><td>受灾单位</td><td colspan="3"></td><td colspan="2">灾害发生时间</td><td colspan="2"></td></tr>
<tr><td>灾害发生地点</td><td colspan="3"></td><td>经度</td><td></td><td>纬度</td><td></td></tr>
<tr><td>灾害发生区域</td><td colspan="7">□城市 □农村</td></tr>
<tr><td>雷击类型</td><td colspan="7">□直击雷 □闪电电涌侵入</td></tr>
<tr><td>损失类型</td><td colspan="7">□人员、牲畜伤亡 □公众服务中断 □文化遗产损失
□经济损失</td></tr>
<tr><td>灾害等级</td><td colspan="7">□特别重大灾害 □重大雷电灾害 □较大雷电灾害</td></tr>
<tr><td rowspan="2">人员伤亡信息</td><td colspan="2">死亡人数/人</td><td></td><td>年龄</td><td></td><td>性别</td><td></td></tr>
<tr><td colspan="2">受伤人数/人</td><td></td><td>年龄</td><td></td><td>性别</td><td></td></tr>
<tr><td rowspan="3">损失统计信息</td><td colspan="2">直接经济损失/万元</td><td></td><td colspan="3">间接经济损失/万元</td><td></td></tr>
<tr><td colspan="2">家用设备损失/件</td><td></td><td colspan="3">公用设备损失/件</td><td></td></tr>
<tr><td>其他损失</td><td colspan="6"></td></tr>
<tr><td>受损行业</td><td colspan="7">□农、林、牧、渔业 □采矿业 □制造业
□电力热力燃气及水生产及供应业 □建筑业
□批发和零售业 □交通运输、仓储和邮政业
□住宿和餐饮业 □金融业
□信息传输、软件和信息技术服务业 □房地产业
□租赁和商业服务业 □科学研究和技术服务业
□水利、环境和公共设施管理业 □居民服务、修理和其他服务业
□教育 □卫生和社会工作 □文化、体育和娱乐业
□公共管理、社会保障和社会组织 □国际组织
□其他</td></tr>
<tr><td>受灾环境描述</td><td colspan="7"></td></tr>
<tr><td>灾情描述</td><td colspan="7"></td></tr>
<tr><td>事故原因分析</td><td colspan="7"></td></tr>
</table>

注：特大雷电灾害：一起雷击造成 4 人以上身亡，或有 3 人身亡但有 5 人以上受伤，或没有人员伤亡但有 10 人以上受伤，或者直接经济损失 500 万元以上的雷电灾害事故。重大雷电灾害：一起雷击造成 2~3 人以上身亡，或有 1 人身亡但有 4 人以上受伤，或没有人员伤亡但有 5~9 人以上受伤，或者直接经济损失 100 万元以上 500 万以下的雷电灾害事故。较大雷电灾害：一起雷击造成 1 人以上身亡，或没有人身亡但有 2~4 人以上受伤，或者直接经济损失 20 万元以上 100 万以下的雷电灾害事故。一般雷电灾害：一起雷击造成 1 人受伤或直接经济损失 20 万以下的雷电灾害事故。

填表人：________ 复核人：________ 填表日期：______年______月______日

附表 17 区域雷电灾害信息统计

<table>
<tr><th rowspan="3">月份</th><th colspan="12">雷电灾害事故</th></tr>
<tr><th rowspan="2">雷灾总数/起</th><th colspan="3">人身伤亡</th><th>建筑物受损</th><th colspan="2">办公电子、电器设备受损</th><th colspan="2">家用电子、电器设备受损</th><th rowspan="2">直接经济损失/万元</th><th rowspan="2">间接经济损失/万元</th></tr>
<tr><th>/起</th><th>伤/人</th><th>亡/人</th><th>/起</th><th>/起</th><th>/件</th><th>/起</th><th>/件</th></tr>
<tr><td>1</td><td></td><td></td><td></td><td></td><td></td><td></td><td></td><td></td><td></td><td></td><td></td></tr>
<tr><td>2</td><td></td><td></td><td></td><td></td><td></td><td></td><td></td><td></td><td></td><td></td><td></td></tr>
<tr><td>3</td><td></td><td></td><td></td><td></td><td></td><td></td><td></td><td></td><td></td><td></td><td></td></tr>
<tr><td>4</td><td></td><td></td><td></td><td></td><td></td><td></td><td></td><td></td><td></td><td></td><td></td></tr>
<tr><td>5</td><td></td><td></td><td></td><td></td><td></td><td></td><td></td><td></td><td></td><td></td><td></td></tr>
<tr><td>6</td><td></td><td></td><td></td><td></td><td></td><td></td><td></td><td></td><td></td><td></td><td></td></tr>
<tr><td>7</td><td></td><td></td><td></td><td></td><td></td><td></td><td></td><td></td><td></td><td></td><td></td></tr>
<tr><td>8</td><td></td><td></td><td></td><td></td><td></td><td></td><td></td><td></td><td></td><td></td><td></td></tr>
<tr><td>9</td><td></td><td></td><td></td><td></td><td></td><td></td><td></td><td></td><td></td><td></td><td></td></tr>
<tr><td>10</td><td></td><td></td><td></td><td></td><td></td><td></td><td></td><td></td><td></td><td></td><td></td></tr>
<tr><td>11</td><td></td><td></td><td></td><td></td><td></td><td></td><td></td><td></td><td></td><td></td><td></td></tr>
<tr><td>12</td><td></td><td></td><td></td><td></td><td></td><td></td><td></td><td></td><td></td><td></td><td></td></tr>
</table>

注：1. 雷电灾害的次数：对单位而言以一个法人单位受灾为一起，对社区或农村居民而言以一户受灾计为一起，对雷电灾害伤亡事故而言以发生在同一地点的伤亡事件计为一起。

2. 人身伤亡中的“伤”是受伤人员，“亡”指死亡人员。

3. 电子电器设备受损中的“起”是指造成电子电器设备受损的雷灾次数，“件”指因雷击造成电子电器设备受损的件数。

区域名称：________ 行政区域代码：________ 年份：________

填表人：__________ 复核人：________ 填表日期：___年___月___日

附表 18　政府防雷减灾资源信息统计表

区域名称	
行政区域代码	
普查时间	
防雷减灾资源信息	
空旷场所用于防雷减灾救灾的避雷场所数量	
是否建立雷电预警系统	
雷电预警信息发布途径	
雷电预警信息覆盖面	
每年开展公众雷电灾害防御科普知识宣传次数	
现有中小学未设置防雷措施的建（构）筑物数量	

填表人：________　复核人：________　填表日期：______年______月______日

附表 19　社会力量和企业参与防雷资源信息统计

区域名称	
行政区域代码	
普查时间	
社会力量和企业参与资源信息	
雷电灾害重点防御单位名称	
雷电灾害重点防御单位地址	
雷电灾害重点防御单位联系人	

附表19（续）

是否设置雷电灾害应急处置预案	
是否有健全的防雷安全管理制度	
是否有防雷安全管理人员	
是否开展雷电灾害应急救援演练	
是否有完善的防雷措施	

填表人：________ 复核人：________ 填表日期：______年______月______日

附表20 基层减灾资源信息统计

区域名称	
行政区域代码	
基层对象名称	
普查时间	
防雷减灾资源信息	
是否建立雷电灾害应急预案	
雷电预警信息获知能力	
雷电预警信息报送能力	
每年开展防雷减灾救灾、应急救援技能知识宣传次数	

填表人：________ 复核人：________ 填表日期：______年______月______日

附表 21 ______省______县（区）/______乡镇/______村人口和社会经济基本情况

填表字段	单位	记录	填表说明
调查年份	—		格式为 yyyy
土地面积	km^2		国土面积，精确到 0.1 km^2
耕地面积	km^2		精确到 0.1 km^2
城镇人口数	人		
乡村人口数	人		
总人口数	人		
常住人口数	人		
65 岁及以上人口数	人		
65 岁及以上人口比例	%		
14 岁及以下人口数	人		
14 岁及以下人口比例	%		
地区生产总值	万元		
工业总产值	万元		
农业总产值	万元		
居民可支配收入	万元		

填表人：__________ 复核人：__________ 审查人：__________ 联系电话：__________

填写单位：______省______市______ 填表日期：______年______月______日

附表 22 ______省______县（区）/______乡镇/______村高温灾害历次灾情损失调查表

填表字段	单位	记录 1	记录 2	…	填表说明
省名	—				
市（地区/州）名	—				
县（市）名	—				
乡（镇）名	—	乡镇 1	乡镇 2		
乡（镇）代码	—				
灾害发生时间	年月日时	过程 1	过程 1		填写格式为“yyyymmddhh”，如 1958 年 1 月 1 日 00 时则记为 1958010100；若灾害发生具体时间不详，可通过反查历史资料确定大致的具体时间，至少要精确到日，若只有年月的，如 6 月就按 6 月 00 日 00 时填写
灾害结束时间	年月日时				
（一）影响信息采集	—				按过程、乡镇、采集点逐级填写，此信息用于影响模拟验证
过程最大影响面积	km^2				基于乡镇填写
过程影响持续时间	h				基于乡镇填写

附表 22（续）

填表字段	单位	记录 1		记录 2		…		填表说明
普查点名称	—	名 1	…	名 1	…	名 1	…	填写影响时普查点的名称，如某镇政府、某村庄
普查点经度	度分秒							00°00′00″
普查点纬度	度分秒							00°00′00″
普查点海拔高度	m							精确到小数点后两位
普查点影响开始时间	年月日时							yyyymmddhh
普查点影响结束时间	年月日时							yyyymmddhh
（二）农业受灾情况	—							
要作物类型	—							
作物生长发育期	月							填写作物生长发育从几月到几月
受灾面积	km^2							
绝收面积	km^2							
经济损失	万元							
（三）人员受灾情况	—							
受影响人口	人次							由于高温灾害影响正常生产生活的人员数量

附表 22（续）

填表字段	单位	记录 1	记录 2	…	填表说明
致病人口	人次				中暑发病的人员数量
死亡人口	人次				由于高温灾害直接导致死亡或引发疾病导致死亡的人员数量
（四）其他受灾情况	—				
电力负荷	—				
遭受损失的承灾体名称	—				供水、电力、畜牧业、林业、草场等
经济损失	万元				
损失情况	—				文字描述
（五）受灾情况汇总	—				
直接经济损失	万元				一次灾情的全部经济损失
详细灾情描述	—				文字描述农业、工业、基础设施等社会经济各方面的损失和影响，尽量多给些定量数据，以及典型事件的位置（经纬度信息）和发生时间等
备注	—				

填表人：______ 复核人：______ 审查人：______ 联系电话：______

填写单位：____省____市____ 填表日期：____年____月____日

附表 23 ______省______县（区）/______乡镇/______村历年高温灾害损失调查汇总表

填表字段	单位	记录	填表说明
省名	—		
县（市）名	—		县级
受灾年份	—		如 2010 年，填写 2010
受灾次数	次		
受灾人口	人次		
农业受灾面积	km^2		精确到 0.01 km^2
农业受灾损失	万元		精确到 0.1 万元
供水、供电等基础设施损失	万元		精确到 0.1 万元
总直接经济损失	万元		精确到 0.1 万元
当年地区生产总值	万元		精确到 0.1 万元
资料来源	—		填写国土资源部门、气象部门等
备注	—		

填表人：__________ 复核人：__________ 审查人：__________ 联系电话：______

填写单位：______省______市______ 填表日期：______年______月______日

参 考 文 献

[1] 黄崇福. 自然灾害风险评价理论与实践 [M]. 北京：科技出版社，2005.

[2] 任福民，吴国雄，王小玲，等. 近60年影响中国之热带气旋 [M]. 北京：气象出版社，2011.

[3] 朱志存，尹宜舟，黄建斌，等. 我国沿海主要省份热带气旋风雨因子危险性分析Ⅰ：基本值 [J]. 热带气象学报，2018，34(2)：145-152.

[4] 尹宜舟，黄建斌，朱志存，等. 我国沿海主要省份热带气旋风雨因子危险性分析Ⅱ：年代际变化特征 [J]. 热带气象学报，2018，34(2)：153-161.

[5] 吕晓男，陆允甫，王人潮. 土壤肥力综合评价初步研究 [J]. 浙江大学学报，1999，25(4)：378-382.

[6] 王国华，苗长明，缪启龙，等. 杭州市气象灾害风险区划 [M]. 北京：气象出版社，2013.

[7] 章国材. 自然灾害风险评估与区划原理和方法 [M]. 北京：气象出版社，2014.

[8] 丁一汇，朱定真. 中国自然灾害要览 [M]. 北京：北京大学出版社，2013.

[9] 田红，卢燕宇，谢五三，等. 基于致灾过程的气象灾害风险评估技术及应用 [M]. 北京：气象出版社，2019.

[10] 史培军. 灾害风险科学 [M]. 北京：北京师范大学出版社，2018.

[11] 中华人民共和国国家质量监督检验检疫总局，中国国家标准化管理委员会. GB/T 2260—2007 中华人民共和国行政区划代码 [S]. 北京：中国标准出版社，2008.

[12] 中华人民共和国国家质量监督检验检疫总局，中国国家标准化管理委员会. GB/T 19996—2017 公开版纸质地图质量评定 [S]. 北京：中国标准出版社，2018.

[13] 中华人民共和国国家质量监督检验检疫总局，中国国家标准化管理委员会. GB/T 33680—2017 暴雨灾害等级 [S]. 北京：中国标准出版社，2017.

[14] 中国气象局. QX/T 428—2018 暴雨诱发灾害风险普查规范　中小河流洪水 [S]. 北京：气象出版社，2018.

[15] 中国气象局. QX/T 470—2018 暴雨诱发灾害风险普查规范　山洪 [S].

北京：气象出版社，2019.
[16] 中国气象局 . QX/T 451—2018 暴雨诱发的中小河流洪水气象风险预警等级［S］. 北京：气象出版社，2019.
[17] 中国气象局 . QX/T 481—2019 暴雨诱发中小河流洪水、山洪和地质灾害气象风险预警服务图形［S］. 北京：气象出版社，2019.
[18] 中国气象局 . QX/T 487—2019 暴雨诱发的地质灾害气象风险预警等级［S］. 北京：气象出版社，2019.
[19] 中国气象局 . QX/T 597—2021 区域性干旱过程监测评估方法［S］. 北京：气象出版社，2021.
[20] 中华人民共和国国家质量监督检验检疫总局，中国国家标准化管理委员会 . GB/T 20481—2017 气象干旱等级［S］. 北京：中国标准出版社，2017.
[21] 中国气象局 . QX/T 81—2007 小麦干旱灾害等级［S］. 北京：气象出版社，2007.
[22] 中华人民共和国国家质量监督检验检疫总局，中国国家标准化管理委员会 . GB/T 29366—2012 北方牧区草原干旱等级［S］. 北京：中国标准出版社，2013.
[23] 中国气象局 . QX/T 383—2017 玉米干旱灾害风险评价方法［S］. 北京：气象出版社，2017.
[24] 中国气象局 . QX/T 393—2017 冷空气过程监测指标［S］. 北京：气象出版社，2018.
[25] 中华人民共和国国家质量监督检验检疫总局，中国国家标准化管理委员会 . GB/T 21987—2017 寒潮等级［S］. 北京：中国标准出版社，2017.
[26] 中国气象局 . QX/T 98—2008 早稻播种育秧期低温阴雨等级［S］. 北京：气象出版社，2008.
[27] 中国气象局 . QX/T 527—2019 农业气象灾害风险区划技术导则［S］. 北京：气象出版社，2020.
[28] 中华人民共和国国家质量监督检验检疫总局，中国国家标准化管理委员会 . GB/T 19996—2017 公开版纸质地图质量评定［S］. 北京：中国标准出版社，2018.
[29] 中华人民共和国国家质量监督检验检疫总局，中国国家标准化管理委员会 . GB/T 24438. 1—2009 自然灾害灾情统计　第 1 部分：基本指标［S］. 北京：中国标准出版社，2009.

[30] 中华人民共和国国家质量监督检验检疫总局，中国国家标准化管理委员会 . GB/T 24438. 2—2012 自然灾害灾情统计　第 2 部分：扩展指标［S］. 北京：中国标准出版社，2013.
[31] 中华人民共和国住房和城乡建设部 . GB 50057—2010 建筑物防雷设计规范［S］. 北京：中国计划出版社，2011.
[32] 中国气象局 . QX/T 85—2018 雷电灾害风险评估技术规范［S］. 北京：气象出版社，2019.
[33] 中国气象局 . QX/T 441—2018 城市内涝风险普查技术规范［S］. 北京：气象出版社，2018.
[34] 中华人民共和国国家质量监督检验检疫总局，中国国家标准化管理委员会 . GB/T 20484—2017 冷空气等级［S］. 北京：中国标准出版社，2017.
[35] 中华人民共和国国家质量监督检验检疫总局，中国国家标准化管理委员会 . GB/T 28591—2017 风力等级［S］. 北京：中国标准出版社，2012.

图书在版编目（CIP）数据

气象灾害调查与风险评估 / 国务院第一次全国自然灾害综合风险普查领导小组办公室编著 . -- 北京：应急管理出版社，2021

第一次全国自然灾害综合风险普查培训教材

ISBN 978-7-5020-9153-8

Ⅰ.①气… Ⅱ.①国… Ⅲ.①气象灾害—灾害防治—普查—技术培训—教材 Ⅳ.①P429

中国版本图书馆 CIP 数据核字（2021）第243381号

气象灾害调查与风险评估

（第一次全国自然灾害综合风险普查培训教材）

编　　著　国务院第一次全国自然灾害综合风险普查领导小组办公室
责任编辑　孟　楠
编　　辑　孔　晶　李雨恬
责任校对　邢蕾严
封面设计　罗针盘

出版发行　应急管理出版社（北京市朝阳区芍药居 35 号　100029）
电　　话　010-84657898（总编室）　010-84657880（读者服务部）
网　　址　www.cciph.com.cn
印　　刷　北京盛通印刷股份有限公司
经　　销　全国新华书店

开　　本　710mm×1000mm 1/16　**印张**　10 3/4　**字数**　141 千字
版　　次　2021 年 12 月第 1 版　2021 年 12 月第 1 次印刷
社内编号　20211201　　**定价**　42.00 元